ÉCHEC À LA MALADIE

Je remercie tous les patients qui m'ont permis d'écrire ce livre; j'ai tellement appris à leur contact. Je leur dédie ce travail. Je remercie également tous ceux et celles qui m'ont transmis leur savoir dans des colloques, des conférences, des ateliers, des articles de revues, au cours de toutes ces années de pratique médicale.

Je remercie également ma conjointe Micheline et mes trois enfants Maryse, Maxime et Mylène pour leur support de tous les instants.

DOCTEUR MICHEL LORRAIN

ÉCHEC À LA MALADIE

L'éditeur remercie la SODEC pour son programme d'aide aux entreprises du livre et de l'édition spécialisée. L'éditeur reconnaît l'aide financière du gouvernement du Canada par l'entremise du Programme d'aide au développement de l'industrie de l'édition (PADIÉ). Gouvernement du Québec, Programme des crédits d'impôt.

Catalogage avant publication de la Bibliothèque nationale du Canada
Lorrain, Michel
Échec à la maladie
ISBN 2-89617-000-6
1. Habitudes sanitaires. 2. Stress. 3. Santé. 4. Santé mentale. 5. Maladies. 6. Style de vie. I. Titre.
RA776.9.L67 2004 613 C2004-940510-1

Illustration, couverture: Michel Lorrain
Révision: Geneviève Breuleux
Montage: MCM/Compo-Montage
Montage couverture: Insitu muséologie

PUBLICATIONS MNH INC.
C.P. 88030, Longueuil (Québec) J4H 4C8
Tél.: (514) 931-5197
www.mnh.ca mnh@mnh.ca

DISTRIBUTION:
Canada: Bayard Distribution (librairies); Socadis (grandes surfaces)
Belgique et France: Diffusion DNM, Librairie du Québec à Paris

ISBN 2-89617-000-6

Dépôts légaux 2ième trimestre 2004
Bibliothèque nationale du Québec
Bibliothèque nationale du Canada

INTRODUCTION

La santé sous toutes ses formes demeure l'une des préoccupations majeures de tous les intervenants dans le domaine. Il n'y a pas un champ d'activité qui ne soit soumis à autant de recherches. La santé est étroitement liée à la qualité de vie des individus.

La pratique de la médecine évolue à pas de géant. Les connaissances médicales se sont élargies considérablement depuis quelques décennies. Elles ont donné lieu à des progrès technologiques remarquables et à de meilleurs traitements. On n'a qu'à penser à l'apport de la résonance magnétique en imagerie médicale et aux greffes de toutes sortes pour remplacer les organes malades. La contribution de l'industrie pharmaceutique dans le domaine de la recherche est colossale : de nouveaux médicaments viennent régulièrement s'ajouter à l'arsenal thérapeutique pour améliorer la qualité de vie des malades.

La vitesse de son développement rend la mise à jour de plus en plus difficile pour le médecin. Il est impossible de se tenir au courant sur tout ce qui se fait en médecine. De nouvelles spécialités médicales et paramédicales font leur apparition et des « surspécialisations » viennent coiffer certaines disciplines. Je me souviens de mes premières années de pratique générale, il y a plus de trente ans : ma formation me permettait alors d'accoucher des femmes, soigner leurs enfants, traiter les vieillards, faire de la chirurgie mineure et œuvrer à la salle d'urgence d'un hôpital. Aujourd'hui je ne peux être à jour dans toutes ces disciplines; il m'a fallu rétrécir mon champ d'expertise afin de répondre le mieux possible aux besoins de mes malades.

On a vu également la médecine moderne adopter certaines mesures pour répondre aux attentes d'une clientèle particulière. On a morcelé le corps humain en pièces détachées. Une médecine de l'esthétique fait une percée étonnante sur le marché de l'image corporelle. Une crème pour faire disparaître les ridules; une pilule pour la repousse des cheveux; un comprimé qui soulage les problèmes d'érection; la liposuccion qui fait disparaître les bourrelets et l'implant de prothèses qui donne des rondeurs à certaines parties du corps mal aimées. L'apparence extérieure réclame des déboursés considérables aux insatisfaits.

La santé mentale n'échappe pas à ce courant expansionniste. La psychologie a envahi tous les domaines de la vie publique et privée. On la retrouve dans le domaine des sports et des loisirs. Les équipes professionnelles ont recours à des psychologues de la compétition et de la performance. Les milieux de travail ont développé des programmes d'aide pour les employés aux prises avec des problèmes de santé mentale. Plusieurs écoles ont recours aux services de psychologues ou de travailleurs sociaux pour aider l'étudiant en mal de vivre. Toutes les sphères d'activités de la vie quotidienne vont trouver un spécialiste pour répondre aux questions existentielles. La vie sexuelle, la vie de couple ou les relations familiales, tout y passe. Rien n'y échappe. Les best-sellers de la psychologie populaire se portent garants d'une bonne santé mentale.

Certaines médecines parallèles font des affaires d'or. Chacun y va de sa solution miracle. On attribue à toutes sortes de gadgets des qualités qui n'ont jamais pu être démontrées. Le marketing de certaines compagnies est remarquable. On pousse la promotion de certains produits jusqu'à faire témoigner quelques adeptes bien choisis afin de convaincre le consommateur de leur efficacité. La manipulation des émotions, toujours bien orchestrée, finit par en persuader plus d'un.

Le domaine de l'alimentation n'échappe pas à la recherche. Les diètes miracle se multiplient; les gens sont confus; ils ne savent plus quoi manger. Tantôt un aliment est bon; tantôt il ne l'est plus. Même si l'alimentation joue un rôle de premier plan dans le développement de plusieurs maladies, il ne faut pas remettre en question toutes les habitudes alimentaires.

Les informations fusent de toutes parts. Il ne se passe pas une seule journée sans que l'on n'entende parler d'un sujet à connotation médicale. Les questions reliées à la santé se retrouvent dans tous les médias, que ce soit à la radio, à la télévision, dans les journaux, les livres ou les revues de toutes sortes. Tous les sujets y sont traités; que ce soit votre vie affective, votre vie sexuelle ou votre dépendance pour la nourriture, l'alcool ou la drogue. Comment s'y retrouver? De nombreux patients nous consultent, angoissés par leurs découvertes sur Internet ou par un article de journal qui les inquiète.

La santé occupe une place importante dans toutes nos activités de la vie quotidienne. Ne fait-elle pas partie de nos souhaits les plus précieux du Nouvel An? *Je te souhaite une bonne santé; avec elle on peut tout faire!* Combien de fois ai-je entendu ce vœu pieux chez les gens d'un certain âge. La jeunesse se formalise de souhaits plus terre à terre. La réussite est garante de leur bien-être. Elle mesure la qualité de leur vie future. Quelles que soient les écorchures laissées par la maladie, les gens privilégient ce bien à toute autre valeur. Les levées de fonds ne gagnent-elles pas la générosité de tous les cœurs?

Malheureusement, plusieurs semblent avoir négligé certaines valeurs. La prévention accuse des ratés. Les conseils ne portent plus fruit. Les comportements sont rigides; les habitudes bien ancrées. Les gens prient Dieu de leur donner la santé; comme si c'était un don, une grâce. On oublie trop souvent l'adage qui dit : *Aide-toi et le ciel t'aidera.* Pour certains, la pensée magique résoudrait tous leurs problèmes, les efforts pour améliorer leur santé deviennent donc inutiles. On ne veut rien changer; *la loi du moindre effort,* comme on dit! Les attentes à l'égard de la médecine sont grandes. On implore encore les grands sorciers de leur restituer la santé. On exige d'eux la responsabilité de leur mieux-être. On ne veut pas s'infliger de restrictions. On ne veut pas modifier sa façon de vivre. Il est plus facile dans certains cas de céder à la tentation de prendre une pilule que de s'imposer certains changements de comportement. On préfère davantage rendre les autres responsables de ses malheurs que de prendre sa part de responsabilité dans l'amélioration de sa condition.

Tant qu'on va persister à associer la santé à quelque chose de mystérieux, d'indépendant de soi, elle va continuer de nous échapper. On pose certains gestes qui heurtent le bon sens. D'un côté, on veut préserver sa santé, de préférence sans effort, et de l'autre côté, on lui fait du tort par un mode de vie erratique. La sédentarité, l'obésité, la mauvaise gestion du stress et le tabagisme, pour n'en nommer que quelques-uns, sont des facteurs de risque majeurs de maladies. On soigne son confort; on ramasse de l'argent pour ses vieux jours; mais qu'en est-il de sa santé; quelle attention lui portons-nous? Je connais beaucoup de gens qui arrivent à leur retraite les poches pleines d'argent, mais qui accusent un retard considérable au niveau de leur santé. Ils ne peuvent pas profiter des bons moments qu'ils s'étaient promis!

Mes trente années de pratique générale m'ont fait vivre des expériences enrichissantes auprès de gens de tous âges et de toutes conditions. Mon incursion dans les activités de leur vie quotidienne m'a permis de découvrir certains dénominateurs communs quant à la gestion inadéquate de nombreux problèmes. Beaucoup de patients adoptent des comportements inadaptés à cause d'une mauvaise perception des événements qu'ils vivent. Leur façon de voir et d'envisager leurs problèmes nuit à la recherche de solutions appropriées. J'ai réalisé également, au cours de ce périple médical, qu'il y avait trois types de patients : ceux qui consultent seulement lorsque la maladie est bien installée; la prévention ne tient pas de place importante dans l'apparition de leurs maladies. D'autres réclament toutes sortes d'examens de laboratoire à titre préventif, sans pour autant changer leur mode de vie. C'est comme s'ils voulaient se rassurer sur leur façon de vivre. Par ailleurs, plusieurs adoptent une attitude positive dans le développement de leur qualité de vie en s'imposant les changements nécessaires.

Force est d'admettre également que la vie a changé considérablement : les efforts physiques sont réduits au minimum et la facilité s'est installée. Les gens sont plus sédentaires; ils sont branchés sur leur téléviseur, leur vidéo ou leur ordinateur. Ils bouffent du *fast-food* et fument la cigarette. L'obésité est devenue un véritable fléau, on prévoit une véritable épidémie de diabète dans les années à venir. Les gens sont de plus en plus stressés; ils consultent pour de la fatigue et des troubles du sommeil. Les dépressions se multiplient. On observe de plus en plus d'épuisement professionnel au travail. Les familles éclatent. Les inquiétudes sociales sont grandes : les marchés boursiers s'effondrent, des menaces de guerre planent partout. Les gouvernements n'arrivent pas à régler le problème de la pauvreté et de la misère. L'insécurité finit par perturber la tranquillité d'esprit. Les gens doivent performer dans toutes leurs activités de la vie quotidienne, que ce soit au travail ou à la maison. Plusieurs n'arrivent plus à gérer leur vie, ils en ont perdu le contrôle, ensevelis sous le poids des émotions de toutes sortes. On voit poindre de nouvelles maladies au sommet de l'échelle statistique. Jamais, en trente ans de carrière, je n'ai vu autant de dépressions et de troubles anxieux chez des gens de plus en plus jeunes. Le diabète, l'hypertension, l'obésité, les maladies cardiaques pour n'en nommer que quelques-unes, font maintenant partie de mon travail de tous les jours.

Beaucoup de patients m'ont incité à écrire ce livre. J'ai trouvé l'idée très bonne d'autant plus que le manque de temps m'oblige parfois à négliger l'individu dans son environnement pour m'en tenir à l'essentiel de la consultation. Je profite donc de cette occasion pour leur transmettre mon expérience des trente dernières années et les connaissances que j'ai acquises, au fil des ans, par mes lectures de toutes sortes, sur des sujets qui touchent le vécu de tous les jours. Je n'ai pas la prétention d'être un spécialiste de tous les maux ni de trouver des solutions à tous les problèmes. C'est à partir d'observations et de réflexions sur la répétition de certains comportements que j'en suis arrivé à développer une démarche particulière de gestion de problèmes qui peut trouver des applications dans plusieurs activités perturbées de la vie quotidienne.

C'est sous l'angle du généraliste que je vais aborder les problèmes les plus fréquents qu'il m'arrive de rencontrer. Je développerai certains sujets dans la simplicité comme s'il s'agissait d'une mise en situation lors d'une consultation. Je tenterai également de répondre aux attentes des gens qui veulent du *fast solution* pour faire face au quotidien. Je vais m'attarder principalement aux activités sur lesquelles l'intéressé peut intervenir et développer des pistes de réflexion quant à la compréhension des problèmes et la recherche de solutions appropriées. C'est au quotidien que le patient doit apprendre à gérer sa vie. Et pour en garder le contrôle, il lui faudra parfois s'imposer des changements nécessaires. Avec un peu de créativité, il pourra aspirer à des résultats étonnants. Je veux donc mettre en relief une stratégie d'intervention personnalisée que le patient pourra exploiter de façon ponctuelle sur ses activités de la vie quotidienne afin de préserver sa qualité de vie.

Trop de patients consultent lorsque la maladie se manifeste : ils sont en dépression majeure, en instance de divorce ou ils ont des problèmes au travail. Ou encore les voit-on surgir dans nos salles d'attente lorsque le corps ne répond plus aux abus de toutes sortes : les organes s'épuisent et n'arrivent plus à fonctionner adéquatement; le diabète s'installe; la tension artérielle augmente ou le cœur flanche. La plupart du temps, ces problèmes n'apparaissent pas du jour au lendemain. Ils se sont développés progressivement, silencieusement. C'est de cela précisément que je veux parler. Comment reconnaître les signes avant-coureurs de ces maladies insidieuses et comment intervenir avant qu'elles ne se manifestent en catastrophe. C'est dans ce contexte que je veux amener le patient à réfléchir sur sa propre condition et développer des mécanismes personnels de prévention.

Je n'ai pas l'intention de m'attarder sur différentes maladies physiques ou mentales. Une abondante littérature existe déjà là-dessus. Je me contenterai d'effleurer au passage certaines maladies liées au mode de vie.

Je porterai une attention particulière à un modèle d'évolution de la maladie en général, et nous verrons à quelles étapes de son développement le patient pourra intervenir directement. Il est toujours désagréable pour un médecin de voir son patient glisser vers une maladie qu'on aurait pu prévenir ou du moins en retarder l'évolution. Je m'attarderai donc sur cette maladie silencieuse, celle qui évolue sournoisement et qui, rappelons-le, se manifestera souvent en catastrophe, avec des conséquences dramatiques sur la qualité de vie du malade. Il faut donc chercher au-delà de la maladie visible, des moyens efficaces pour la contrer. De nombreuses solutions prennent naissance dans les habitudes de vie, les attitudes, les perceptions individuelles et les comportements. La santé, qu'elle soit physique, mentale, conjugale, familiale ou professionnelle, ne tombe pas du ciel; elle se cultive, se développe et s'améliore. Comme tout le reste, il faut y mettre des efforts, s'imposer certains changements. L'individu a un rôle de premier plan à jouer; c'est en grande partie sur lui que repose la responsabilité de faire échec à la maladie. Il doit prendre conscience de son état dès que les malaises surviennent; et avec de bonnes connaissances de sa condition et de bons outils de travail, il sera en mesure de poser des gestes concrets pour régler ses problèmes. Si les résultats tardent à venir, il pourra toujours recourir à de l'aide spécialisée. L'intervenant saura le conseiller et le guider dans sa démarche. Et si, par malheur la maladie finit par s'installer, il y aura toujours moyen de la ralentir ou de la contrôler.

Le modèle de développement de la maladie que je propose trouve des applications dans toutes les sphères d'activités de la vie quotidienne. Que ce soit au travail ou à la maison, toutes les activités personnelles ou professionnelles peuvent devenir malades. Qui ne connaît pas de famille dysfonctionnelle? La flamme de votre couple vacille-t-elle au moindre soubresaut? Votre vie sexuelle perd-elle de son intensité? Encore là, toutes ces situations peuvent être maîtrisées par une intervention réfléchie et soutenue.

Il est à noter également que certaines étapes de la vie, comme la vieillesse et la retraite, peuvent devenir, pour plusieurs, une source de grande détresse. Quelques bonnes mises au point peuvent redonner de la couleur à votre vie. Quel que soit l'âge, la condition psychologique ou physique d'une personne, et quelles que soient les étapes de la vie qu'elle a à franchir, elle peut toujours s'en accommoder le mieux possible, ou l'améliorer davantage afin de se donner une qualité de vie intéressante.

Ce livre s'adresse à tous ceux qui veulent investir dans leur bien-être, qu'ils aient vécu ou non un événement dramatique. Votre mode de vie est malade? Vous voulez apprendre à gérer votre stress, perdre du poids ou cesser de fumer? Alors suivez-moi dans une démarche constructive. Aiguisez vos crayons, sortez vos stylos et vos marqueurs, soulignez, marquez, faites les exercices qui vous conviennent. C'est un rendez-vous avec vous-même.

Et vous, qui croyez encore que ces recommandations ne s'adressent qu'aux autres, prenez quelques minutes pour voir où vous en êtes avec certaines activités de la vie quotidienne. Votre conditionnement physique se limite-t-il à faire un peu de marche ou de bicyclette durant l'été? Faites-vous de l'embonpoint? Quel est votre indice de masse corporelle, votre poids/santé? Êtes-vous du genre nerveux, inquiet ou stressé? Vous sentez-vous souvent fatigué? Avez-vous des troubles du sommeil? Quelles sont vos priorités dans la vie? Vous êtes-vous imposé de petits changements dernièrement? Êtes-vous plutôt routinier? Pensez-vous qu'il y a de la place à l'amélioration dans votre vie? Et dans votre vie de couple, votre famille, votre travail, votre retraite… où en êtes-vous?

Dans le cadre d'une entraide mutuelle, et afin de passer le plus de temps possible en consultation à discuter des vrais problèmes, je vous ai glissé à la fin du livre quelques suggestions préparatoires à un échange plus dynamique avec votre intervenant.

CHAPITRE 1

ÉVOLUTION NATURELLE D'UNE MALADIE

L'être humain tel qu'il est – Les agresseurs – Les signes – Les tests de laboratoire et autres investigations – Les facteurs de risque de maladie – Maladies silencieuses – La maladie qui frappe – L'intervention du malade – Le rôle du médecin.

Gilbert est sidéré; il vient d'apprendre que son ami Gérard avec qui il a joué au racket-ball il y a deux jours, vient d'être terrassé par une crise cardiaque. Rien ne laissait présager une telle catastrophe, il était en apparente bonne santé.

Les parents de Mario sont horrifiés : leur fils aîné s'est suicidé. Apparemment tout allait bien; rien ne laissait voir sa grande détresse. Ils n'arrivent pas à expliquer son geste.

Carl s'en veut de ne pas être intervenu auprès de son meilleur ami. Il l'a vu sombrer progressivement dans la drogue et l'alcool, sans chercher à l'aider. Il craignait de se faire dire de se mêler de ses affaires.

Monique est en dépression majeure, son corps lui a lancé des messages, elle ne les a pas décodés.

Pierre-Marc est heureux : tous ses examens de laboratoire sont normaux; il se sent rassuré mais il ne suit pas les recommandations de son médecin concernant son mode de vie.

Michel souffre d'arthrite invalidante depuis plus de trente ans. Il a dû mettre fin à la majorité des sports qu'il pratiquait. Il a développé de nouveaux champs d'activité : il enseigne la peinture et se consacre à l'écriture.

Sabrina et Yanik vivent ensemble depuis 10 ans, leur vie de couple bat de l'aile. Ils sont en instance de divorce. Ils n'ont pas réagi adéquatement aux premiers signes d'instabilité. Ils croyaient que le temps arrangerait les choses.

Ces quelques mises en situation nous montrent différents visages de la maladie. Tantôt elle frappe sans prévenir : la crise cardiaque et l'accident vasculaire cérébral en sont les plus beaux exemples. La plupart du temps, elle donne des signes avant-coureurs de sa présence. On n'a qu'à penser au diabète, à l'hypertension ou à la dépression qui se manifestent souvent à bas bruit. La maladie peut affecter la santé physique ou mentale d'un individu tout comme elle peut toucher toutes ses sphères d'activités. La séparation et le divorce ne sont-ils pas des témoins bien réels de la maladie du couple? La maladie peut se présenter sous forme bénigne ou maligne; aiguë ou chronique. On ne connaît pas encore le mode d'apparition de toutes les maladies. Cependant on peut concevoir jusqu'à un certain point un modèle général de développement et suivre à la trace son évolution.

Tout être humain vient au monde avec ses forces et ses faiblesses. Il s'agit du bagage héréditaire, le premier héritage que les parents laissent à leurs enfants. L'individu interagit ensuite, et cela pendant toute sa vie, avec un environnement qui lui est hostile ou favorable. Il peut le maîtriser ou ne pas s'y adapter. Chacun a la possibilité de limiter ou de compenser certaines faiblesses par le développement de capacités qui sont puisées à même ses richesses personnelles. Exposé à des agresseurs de toutes sortes, physiques ou psychiques, l'être humain peut s'ajuster en conséquence, ou voir la maladie s'installer. Ne pas entretenir ou soumettre le corps et l'esprit à toutes sortes d'expériences impétueuses risquent également de provoquer des dommages importants. Les dépendances à la drogue, à l'alcool ou à la nicotine ne sont-elles pas responsables de la survenue de multiples problèmes?

La maladie est souvent perçue par beaucoup de gens comme une fatalité qui leur tombe dessus sans qu'ils puissent intervenir pour la prévenir. Tant que nous n'aurons pas percé tous les mystères entourant certaines d'entre elles, plusieurs continueront à croire au destin. La mentalité populaire veut que la maladie se révèle par des signes ou des symptômes, ou encore qu'elle soit validée par des tests de dépistage. Or beaucoup de maladies demeurent silencieuses pendant longtemps pour se manifester ensuite par une catastrophe. Certains patients accordent une confiance démesurée aux examens de laboratoire. Ils croient que les résultats normaux reflètent leur état de santé. Perception erronée pour de nombreuses maladies dont le mode d'expression apparaît tardivement.

L'être humain tel qu'il est: il est important de connaître les antécédents médicaux de sa famille. Le fait de savoir que certaines maladies soient reliées à votre hérédité vous obligera sans doute à être plus attentif aux facteurs de risque liés à votre mode de vie et à opérer les changements qui s'imposent afin de prévenir leur apparition. Les antécédents héréditaires du diabète, de l'hypercholestérolémie ou de la maladie cardiaque, par exemple, rendent l'individu plus vulnérable à ces maladies. Or étant donné qu'elles ont un certain lien avec l'alimentation, celui qui est porteur des gènes responsables de l'une ou l'autre d'entre elles aura intérêt à corriger tout de suite certaines habitudes alimentaires, ou changer certains comportements s'il veut diminuer le risque de les voir apparaître tôt ou tard dans sa vie. Et cela même s'il n'observe pas de signe de ces maladies ou même si ses analyses de laboratoire sont normales.

On ne peut rien changer à son hérédité; c'est un facteur de risque majeur de certaines maladies. Mais l'expression précoce ou tardive de la maladie dépendra de facteurs favorables à son développement. Il est bon de préciser que ce n'est pas parce qu'on est porteur d'une tare qu'elle va automatiquement apparaître. Il lui faut, rappelons-le, des éléments déclencheurs que l'on retrouve dans le mode de vie. Et c'est seulement là-dessus que l'individu peut intervenir. J'aime répéter à mes patients qu'ils sont chanceux d'avoir de tels avertissements.

Notre façon de voir la vie et de faire les choses provient en partie du bagage culturel que nous avons hérité de nos éducateurs. Certaines mauvaises habitudes sont bien ancrées et certains comportements erratiques sont tenaces. Nos parents et nos éducateurs ont fait de leur mieux. Mais avec un peu de recul et de meilleures connaissances, on constate que certaines façons de faire ne sont plus adaptées. Il en tient à chacun d'entre nous de faire les corrections nécessaires.

Les agresseurs: ce sont des éléments extérieurs à soi : les virus qui donnent le rhume, la grippe, l'hépatite ou le sida sont des agresseurs redoutables qui attaquent l'être humain et perturbent sa santé. L'exposition répétée à des agents physiques ou chimiques peut également altérer la qualité de vie de l'individu. Nul n'est insensible aux effets de la chaleur, du froid, des radiations ou de certains poisons sur l'organisme. Pensez aux engelures et aux coups de soleil avec les risques connus de cancer de peau. Pensez aux substances toxiques inhalées, respirées ou touchées. L'alcool, les drogues et la cigarette ne sont-ils pas des agresseurs responsables de nombreuses maladies.

Certaines contraintes au travail ou dans la vie personnelle peuvent affecter votre santé mentale et vous rendre malade si vous n'avez pas de mécanismes de défense ou si vous n'arrivez pas à vous adapter. Pensez au surmenage et aux irritations de toutes sortes. Une personne peut vous assaillir; une situation peut devenir insoutenable, agressante. La routine peut avoir des effets dévastateurs sur la santé de votre couple; tout comme de mauvaises habitudes peuvent causer des préjudices à votre équilibre. Dressez une liste de vos agresseurs dans toutes les sphères d'activités de votre vie. Vous verrez qu'ils sont nombreux.

Il va de soi que les agresseurs n'attaquent pas tous avec la même virulence : certains frappent fort et vite, avec des conséquences souvent dramatiques, d'autres se manifestent lentement, progressivement, avec des séquelles non moins négligeables. Plus l'exposition sera fréquente et prolongée, plus l'individu aura des chances d'en subir les contrecoups.

Il est possible d'intervenir sur certains agresseurs en les supprimant ou en les contrôlant. Encore faut-il les identifier et connaître leur mode d'action si vous voulez véritablement prévenir leurs effets nocifs. Prenez d'abord le temps de lire toutes les mises en garde sur les produits de consommation. Peut-être ces recommandations vous épargneront-elles des désagréments! Imposez-vous également des périodes de surveillance et de vigilance de tout ce qui vous agresse dans votre vie quotidienne. Ne laissez pas vos stresseurs vous envahir. Évitez les accidents en suivant les conseils de sécurité. Ne faites surtout pas la bêtise de croire que ça n'arrive qu'aux autres.

Les signes: depuis l'origine des temps, l'homme scrute la nature et l'univers à la recherche de signes qui lui permettront de définir et de mieux comprendre les choses qui l'entourent. Il cherche des points de repère qui facilitent son interaction avec son environnement.

La plupart des maladies se manifestent par des symptômes et des signes qu'il est important de reconnaître pour les diagnostiquer et en suivre leur évolution. Notre corps nous parle constamment; il nous avertit quand il est perturbé, quand ça va mal. Ses messages sont parfois clairs : la douleur atteste généralement de la présence de problèmes assez faciles à identifier; tout comme une bosse, un kyste ou tout autre signe physique évident révèleront souvent le mauvais fonctionnement d'un tissu ou d'un organe. Malheureusement, certains signes témoignent d'emblée de complications majeures qui ont vraisemblablement échappé à la surveillance. Personne n'ignore les manifestations morbides d'un accident vasculaire cérébral. Les patients n'hésitent pas à consulter pour des symptômes et des signes qui les inquiètent, les dérangent ou leur occasionnent une véritable souffrance.

Mais parfois les signes sont moins palpables et plus subtils. Ils portent souvent à confusion et à interprétations multiples lorsqu'ils sont variables dans le temps, et lorsque leur intensité est changeante. Souvent, l'esprit exprime son mal de cette façon. Pensons à la fatigue, aux troubles du sommeil, aux variations de l'humeur et aux perturbations de la concentration qui se manifestent parfois d'une manière très inégale. Beaucoup de patients considèrent ces signes comme passagers ou anodins. Ils n'y voient pas d'éléments précurseurs de problèmes plus importants. Finalement, ils consultent seulement lorsque la dépression majeure s'est installée ou lorsqu'ils vivent un degré d'anxiété qui les empêchent de fonctionner. Malheureusement, ils ne sont pas intervenus à temps pour empêcher la maladie de se manifester.

Toutes les sphères de l'activité humaine sont sujettes à des dérèglements. La vie sexuelle, la vie à deux et le travail seront perturbés si les indices révélateurs de leur malaise ne sont pas détectés et contrôlés précocement.

Comment réagir quand les signes ne reflètent pas la sévérité de la maladie? Il faut s'observer et être à l'écoute de soi afin de les identifier le plus rapidement possible si l'on veut intervenir efficacement. Il ne faut pas courir chez le médecin dès qu'un symptôme ou un signe apparaît, à moins qu'il ne témoigne, comme je l'ai dit plus haut, de la gravité de l'état de l'individu. Il ne faut pas consulter pour tout et pour rien. Il faut distinguer les véritables signes des petits malaises qui surviennent quotidiennement et qui sont souvent sans conséquence. Il faut leur donner une signification réaliste.

Les signes qui persistent, qui s'aggravent et qui dérangent votre vie doivent éveiller vos soupçons. Ils méritent une attention particulière.

À titre d'exemple, réfléchissons sur une mise en situation anodine qui peut cependant perturber votre qualité de vie si elle se répète trop souvent. Vous avez pris un copieux repas, votre estomac gronde, il gonfle à vous en couper le souffle. Vous vous sentez ballonné, vous étouffez. Votre corps vous lance un message; il vous fait signe de son inconfort. Encore faut-il le décoder correctement. Certains pointeront du doigt la sauce, les pommes de terre, le pain ou je ne sais quoi encore. D'autres diront qu'ils ont trop mangé ou que les légumes en sont responsables. Très peu chercheront véritablement à savoir. On se contentera d'y voir une cause sans importance. *C'est ma digestion,* clameront la plupart, comme s'il s'agissait d'une condition extérieure à leur contrôle. Mais un jour, ces excès de table prendront l'allure d'une dyspepsie ou de colon irritable. Maladies bénignes, certes, mais beaucoup plus dérangeantes.

L'essoufflement à l'effort peut certainement témoigner d'un problème pulmonaire ou cardiaque, mais il peut également être le reflet d'une mauvaise condition physique. Les gens marchent de moins en moins et font de moins en moins d'efforts. Alors, la moindre exigence physique fait appel à toutes leurs réserves d'énergie. Ils en ressentent aussitôt les effets.

Les tests de laboratoire et autres investigations : les examens de laboratoire jouent un rôle important dans le diagnostic et le suivi de nombreuses maladies. Ils nous donnent des signes indirects de leur évolution. De plus, ils nous permettent de prévenir certaines maladies. On peut prévenir le cancer du col de l'utérus chez la femme par un test de dépistage annuel. Malheureusement on ne peut prévenir le cancer du poumon par une radiographie comme plusieurs le croient. La seule façon de le prévenir, c'est de cesser de fumer, car on sait maintenant que la cigarette est responsable de près de 90 % de tous les cancers du poumon.

Les tests de laboratoire ont des limites. Ils servent à mesurer l'état de santé d'un tissu ou d'un organe, et leur fiabilité est variable. Les résultats doivent être interprétés avec précaution. Il ne faut pas leur prêter des qualités qu'ils n'ont pas. Ils ne donnent de l'information que sur certains paramètres pour lesquels ils ont été conçus. Pas plus, ni moins. Ils ne reflètent pas l'état général de santé du patient. Ils en donnent seulement un mince aperçu. La demande d'un *check up* est très à la mode par les temps qui courent. Excellente démarche en autant qu'elle aboutisse à une prise de conscience de l'état de santé et à son amélioration.

Dans certains cas, les résultats de laboratoire deviennent significatifs seulement lorsque l'organe vérifié est largement hypothéqué. Prenons l'exemple du foie : pour que les résultats mesurant son activité soient anormaux, il faut que son fonctionnement en soit déjà passablement perturbé. Les examens de laboratoire ne peuvent malheureusement détecter précocement toutes les maladies. Ce sont de bons outils de travail, mais avec certaines limites, comme je l'ai dit plus haut.

Quant aux résultats normaux, ils doivent rassurer le patient sur les paramètres qu'on a mesurés seulement; ils ne doivent pas être interprétés comme le reflet d'une bonne santé en général. Ils doivent plutôt être confrontés au mode de vie et évalués en fonction des facteurs de risque de développer une maladie. On a tous connu des gens qui ont vécu des surprises désagréables malgré des examens de laboratoire normaux. Tout le monde connaît l'histoire pathétique du patient décédé peu de temps après avoir passé un électrocardiogramme qui s'était avéré normal. Il avait surévalué ses capacités. Il en est mort. Trop de patients gardent l'illusion d'une bonne santé parce qu'ils ont réussi l'examen et négligent de contrôler les facteurs de risque. Ce n'est pas parce que votre taux de cholestérol ou votre taux de sucre est normal aujourd'hui, que vous pouvez vous permettre de bouffer n'importe quoi. À force d'être trop sollicité, votre métabolisme finira par ne plus répondre correctement et la maladie prendra le dessus.

Les facteurs de risque de maladie: comme on vient de le voir, les tests de laboratoire n'ont pas réponse à tout. Il faut aussi chercher dans le mode de vie du patient les facteurs de risque de développer certaines maladies. L'être humain est en interaction constante avec son environnement. Il subit son influence à tous les jours.

Chacun de nous devons gérer les contraintes d'ordre physique et mentale qui perturbent notre existence. Nous sommes les mieux placés pour faire de la prévention.

Une alimentation saine, faire de l'exercice et bien gérer son stress sont les trois mousquetaires qui garantissent les meilleures chances d'une bonne santé. On sait que l'obésité et la sédentarité sont source de plusieurs maladies : on a déjà parlé de la forme héréditaire du diabète qui trouve son mode d'expression à l'âge adulte lorsque les conditions nécessaires à son développement sont présentes. Soit dit en passant, les statistiques prédisent une explosion de diabète chez les *baby-boomers* qui ont négligé leur poids/santé et l'exercice. On a également mentionné que l'incapacité de bien gérer son stress peut conduire à la dépression ou à un degré invalidant d'anxiété. Chacun peut intervenir sur ses facteurs de risque afin de prévenir l'apparition de certaines maladies, ou à tout le moins, en retarder l'évolution. Se préserver de toute dépendance aux drogues, à l'alcool ou à la cigarette conviendrait parfaitement à D'Artagnan, le quatrième mousquetaire.

Comme on l'a dit précédemment, si ces facteurs de risque ne sont pas contrôlés, tôt ou tard, certaines maladies vont apparaître, et cela même si les résultats de laboratoire demeurent dans les limites de la normale pendant plusieurs années. Je rappelle encore une fois que l'hérédité est un facteur de risque indépendant qui joue un rôle dans la genèse de plusieurs maladies, à condition que certaines anomalies du mode de vie soient également présentes. Autant il est possible de prédire certaines maladies, autant le patient est la personne la mieux placée pour les prévenir.

L'âge est également un facteur de risque; nul doute là-dessus. Tout le monde ressent à un moment donné de sa vie, le poids des années. Il devient plus vulnérable à certaines maladies. Même s'il semble invraisemblable de faire marche arrière, nous allons voir qu'il est possible d'agir sur son âge physiologique, on peut intervenir à tout moment sur le vieillissement.

Tous les secteurs d'activités de la vie humaine ont leurs facteurs de risque de maladie. On n'a qu'à penser à la routine dans le couple, à certaines attitudes erratiques ou mauvaises habitudes qui sont à l'origine de beaucoup de problèmes. À chacun de découvrir et de contrôler ses facteurs de risque afin de faire échec à la maladie.

Maladies silencieuses : en général on ne vient pas au monde malade, on le devient. Et la plupart des maladies ne nous tombent pas dessus du jour au lendemain. Elles évoluent à des vitesses variables, souvent à bas bruit. Certaines conditions, comme on l'a vu plus haut, en favorisent leur développement.

Ce sont des maladies silencieuses avec peu ou pas de symptômes; les examens de laboratoire sont souvent normaux. Ce sont des maladies cachées qui, lorsqu'elles frappent peuvent perturber considérablement la qualité de vie d'un individu. Parfois, seuls les facteurs de risque nous permettent d'en prédire l'apparition. Ce sont des maladies souvent difficiles à traiter parce qu'elles ne dérangent pas le patient dans les activités de la vie quotidienne et qu'elles impliquent parfois des changements importants dans son mode de vie. La motivation du patient au traitement se mesure souvent à la gravité des symptômes ou à la privation d'une certaine qualité de vie.

Comme on l'a déjà dit, il y a souvent un lien entre la maladie latente, l'hérédité et le mode de vie. C'est pourquoi le dépistage de ces maladies est essentiel pour une intervention précoce. Il faut rester à l'écoute de son corps afin de détecter et décoder les messages qu'il envoie. La plupart des gens ont plus de facilité à reconnaître les signes physiques, ceux qui sont évidents de par leurs manifestations extérieures. La toux, la douleur, une bosse ou l'ankylose d'une articulation n'échappe pas à nos sens. Par ailleurs, les signes associés aux maladies mentales sont plus difficilement reconnaissables. Les patients consultent souvent lorsque la dépression est bien installée ou que les troubles anxieux deviennent invalidants. Nous verrons plus loin comment reconnaître les signes avant-coureurs de ces différentes maladies.

J'ouvre ici une parenthèse pour parler du rôle de l'entourage dans le dépistage précoce de signes précurseurs d'une maladie latente. Les problèmes psychologiques se prêtent bien à la démonstration. Il nous est tous arrivé de voir chez un proche un changement d'attitude ou de comportement qui nous laisse parfois songeur pour ne pas dire perplexe. L'individu concerné ne s'en rend souvent même pas compte. Peu de gens interviennent sous prétexte que *ce n'est pas de leurs affaires*. Au contraire, je pense que lorsqu'on observe quelque chose d'anormal, de différent ou d'inquiétant chez un ami ou un proche, il ne faut pas hésiter à attirer son attention sur ses observations. *Ça devient de vos affaires*. Il ne s'agit pas de poser un diagnostic ou de proposer un plan de traitement; mais plutôt de suggérer à la personne concernée de chercher de l'aide ou un avis spécialisé. Trop de gens ferment les yeux, de peur d'être jugés ou rejetés. Si jamais ça vous arrive, dites simplement à la personne concernée que c'est parce que vous l'aimez que vous vous comportez ainsi.

Il y a de fortes chances pour que le copain avec qui vous travaillez, le couple que vous fréquentez ou l'ami que vous avez, vous en soit reconnaissant. Si vous ne vous sentez pas capable d'intervenir directement, faites-le par l'entremise d'un autre, d'une lettre ou d'une suggestion de livre qui pourrait attirer son attention. Il y a tellement de façons de communiquer.

En tout cas, mieux vaut risquer le rejet que de ne rien tenter et se répéter *j'aurais dû,* lorsque survient une catastrophe ou un drame qu'on a pressenti. Je suis toujours étonné de voir à la télé ou dans les journaux des tragédies qui auraient pu être évitées. Il ne faut pas rester aveugles devant des signes annonciateurs de mauvais présages. On est très loin de la B. A. (bonne action) qu'on nous obligeait à faire tous les jours lorsque j'étais scout.

Tout va s'arranger avec le temps, ou *ce n'est que passager*, nuisent à une intervention précoce et efficace dans le développement d'une maladie latente. De plus, il ne faut pas se bercer d'illusions lorsque vos tests sanguins sont normaux. C'est encourageant, certes, mais si des facteurs de risque sont présents et que vous ne corrigez pas votre mode de vie, vous n'êtes qu'en apparente bonne santé.

Il faut intervenir rapidement sur la maladie latente avant qu'elle ne se manifeste de façon drastique. Il est toujours difficile pour un médecin de convaincre un patient qui se sent bien de prendre un médicament ou de changer son mode de vie afin de prévenir une maladie à risque de complications graves. Comment l'amener à participer activement à son traitement s'il n'a aucun signe visible de sa maladie? Comment peut-il arriver à saisir l'importance d'une telle démarche? J'aime bien rappeler à certains patients qu'on a tous connu des gens terrassés par une crise cardiaque, et qui pourtant donnaient l'impression d'être en bonne santé. Cette prise de conscience de *l'apparente bonne santé,* dans la maladie latente, l'aide à comprendre l'importance d'intervenir rapidement. Le patient à qui l'on apprend pour la première fois qu'il a un taux élevé de cholestérol est toujours surpris des explications et des recommandations qui s'ensuivent. Je lui explique le rôle du cholestérol dans l'obstruction des artères; je l'informe qu'il s'agit d'une maladie silencieuse qui évolue lentement, mais qu'il est toujours possible d'intervenir afin d'éviter les complications. Malheureusement, dois-je le rappeler souvent, les vaisseaux sanguins ont tendance à se bloquer au niveau du cœur ou du cerveau.

Sans vouloir apeurer indûment mes malades, j'aime bien leur faire comprendre dans quelle voie ils s'engagent lorsqu'ils omettent de changer leurs mauvaises habitudes. Je leur rappelle que négliger leur santé prête à conséquence. Toujours rouler à 150 peut les précipiter tôt ou tard dans le décor, et les priver d'une bonne qualité de vie. Plus on joue avec le feu, plus on risque de se brûler.

J'espère vous avoir convaincus qu'un mode de vie inadéquat peut être la source de nombreuses maladies physiques et mentales. Nous verrons plus loin comment on peut arriver à modifier son mode de vie sans trop de difficultés. Il faut se rappeler également que toutes les sphères d'activité peuvent être malades et que vous pouvez intervenir à tout moment pour stopper ou ralentir leur développement.

La maladie qui frappe: Dès que l'équilibre est rompu, et que les mécanismes de blocage de la maladie latente ont disparu, la maladie apparaît avec sa panoplie de symptômes, signes et examens de laboratoire anormaux. Ses manifestations sont variables : elle peut donner un avertissement ou frapper en catastrophe les organes cibles. Imaginons un patient qui souffre d'artériosclérose, une maladie caractérisée par le durcissement et le rétrécissement des artères. Cette maladie peut évoluer très lentement sans déranger pour autant le patient. Cependant, au cours de sa progression, les artères peuvent se boucher, ce qui peut entraîner des conséquences parfois dramatiques. On n'a qu'à penser à la crise cardiaque ou à la thrombose cérébrale. La maladie peut également donner des signes moins catastrophiques comme de l'angine de poitrine qu'il faut cependant interpréter comme un avertissement sérieux. Donc une maladie qui évolue lentement, silencieusement au début, avec apparition de manifestations tardives plus importantes.

La maladie physique ou mentale, installée de façon manifeste, nécessite souvent une intervention musclée. Il faut des médicaments et, ou des traitements spécialisés pour ralentir son évolution et en minimiser les dégâts. Avec l'appui de ressources particulières comme la physiothérapie, la diététique, la psychothérapie, et j'en passe, la médecine moderne offre au malade un éventail de traitements efficaces. Je vais m'attarder davantage sur les maladies que je rencontre le plus souvent dans ma pratique médicale.

Il existe aussi des maladies que je qualifierais de comportementales car elles sont directement liées aux attitudes et comportements de chacun. Je pense ici aux maladies reliées aux activités de la vie quotidienne comme la sexualité, le travail, la vie familiale etc. Toutes ces sphères d'activités peuvent être perturbées et altérer considérablement la qualité de votre vie. Comme nous l'avons déjà vu, le mode de vie peut être malade et être la source de beaucoup de maladies physiques et mentales. Rappelez-vous le contrôle que vous pouvez exercer sur votre alimentation, l'activité physique, la dépendance à certaines substances et la gestion du stress comme moyens de prévention. Toutes ces maladies peuvent être prévenues, tout comme elles ont également leur forme de traitement.

La maladie laisse parfois des séquelles importantes sur le plan physique et mental. Même si elle frappe fort, tout n'est pas fini. Si le malade s'apitoie sur son sort et que la maladie devient le centre de sa vie ou sa préoccupation première, il y a de fortes chances qu'il en reste grandement hypothéqué. Il faut d'abord évaluer les dégâts. Ensuite, il faut potentialiser au maximum les capacités résiduelles. Certains patients préfèrent la canne aux efforts exigés pour marcher. D'autres voient dans la maladie un sérieux avertissement : ils en profitent pour changer leur mode de vie. Je connais de nombreux cardiaques qui préfèrent maintenant l'activité physique à la vie sédentaire. Ils s'accrochent à tout ce qui peut leur préserver une qualité de vie maximale, compte tenu de leur condition. Il n'y a pas de résultat sans efforts.

Parfois, le champ principal d'activités du malade est totalement bousillé. Il lui faut alors s'adapter à sa nouvelle vie en développant des habiletés compensatoires. La vie nous en donne des exemples tous les jours. Visitez les centres de réadaptation pour voir comment certains handicapés se prennent en main. Voyez comment certains, loin de se laisser abattre, exploitent leurs richesses personnelles, comment ils développent de nouvelles aptitudes, que ce soit par le dessin, l'artisanat etc. Il y a de nombreuses possibilités. Plus vous aurez développé de cordes à votre arc, moins la perte sera grande. Il faut faire un choix : ruminer son sort devant le téléviseur ou exploiter les richesses endormies au fond de vous.

Observez certains hommes d'affaires qui, après une faillite, se sont relevés. Des gens qui n'ont pas abandonné, des gens qui ont appris de leurs erreurs. Les couples malades ne vivent pas tous la catastrophe. Certains s'en sortent avec une bonne thérapie de couple. D'autres minimisent les dégâts de la séparation en préservant le plus possible les enfants des affres de leur choix. Prenez le temps d'observer autour de vous des gens qui ont su s'adapter à la maladie, qu'elle soit physique, mentale, comportementale, ou associée à leur mode de vie. Questionnez ces gens pour connaître le secret de leur réussite.

L'intervention du malade : dans l'évolution naturelle de la maladie, nous avons abordé la prévention et ses différentes modalités de traitements. À l'aide d'exemples concrets, voyons maintenant quelques applications pratiques d'intervention de l'intéressé.

Examinons les différents stades du développement d'un diabète adulte dans le cadre d'une intervention auprès d'un patient. Maladie fortement en croissance. Il s'agit de la forme héréditaire du diabète qui se développe à l'âge adulte. Elle se manifestera tôt ou tard, suivant certaines conditions liées au mode de vie du patient. Il va de soi que je me contenterai d'explications succinctes pour la démonstration. Disons tout d'abord que le pancréas est l'organe producteur d'insuline nécessaire à l'utilisation du glucose par les cellules de l'organisme. À chaque fois que nous mangeons des aliments riches en hydrates de carbone (sucre), nous stimulons le pancréas. Il sécrète l'insuline dont nous avons besoin. À force de le stimuler, il finit cependant par s'épuiser. La vitesse à laquelle il devient non fonctionnel dépendra à la fois du caractère héréditaire sur lequel nous n'avons pas d'emprise, mais également du contrôle exercé par le malade sur certains facteurs de risque comme l'alimentation et l'activité physique. Le patient joue donc un rôle de premier plan dans la prévention en gérant son alimentation de telle façon qu'il puisse maintenir un poids/santé et cesser de surcharger le travail du pancréas. L'exercice contribue à rendre l'insuline plus efficace. Vous comprenez donc que l'obésité et la sédentarité sont deux facteurs de risque majeurs favorisant l'apparition du diabète adulte. Pour plusieurs, la maladie évolue lentement, silencieusement. De là l'importance de procéder à un dépistage par des examens de laboratoire, surtout s'il y a des facteurs de risque et une histoire familiale de diabète. On estime qu'il y a 50 % des diabétiques qui s'ignorent, parce qu'ils n'ont pas de symptômes ou qu'ils consultent rarement leur médecin. Lorsque la maladie devient manifeste avec sa panoplie de symptômes ou d'examens de laboratoire anormaux, on demande au patient de collaborer pour prendre des médicaments et corriger les facteurs de risque. Décidément, on n'en sort pas. Le tout pour contrôler la maladie et non la guérir, malheureusement. Si nous laissons évoluer la maladie, les complications ne tarderont pas à se manifester. Elles peuvent toucher le cœur, le cerveau, les yeux, les reins et j'en passe. Avec pour conséquence, une qualité de vie médiocre. Encore une fois, il est important de prévenir et de dépister la maladie, comme il est important de suivre judicieusement les traitements afin de la contrôler pour mieux éviter toute forme de complications.

Nous avons déjà parlé de l'artériosclérose, de son évolution vers des maladies graves affectant le cœur, le cerveau ou la circulation des membres inférieurs. Il s'agit d'une maladie multifactorielle où les interventions sur le mode de vie sont nécessaires. Personne n'ignore le rôle du cholestérol, du diabète, de l'hypertension artérielle, du tabagisme et de la sédentarité dans le développement de cette maladie. Pourquoi attendre une catastrophe avant d'intervenir? Votre qualité de vie de demain dépend de ce que vous investissez dans votre santé aujourd'hui.

Il est nécessaire de gérer le stress pour prévenir ou contrôler les troubles anxieux et la dépression. Nous sommes exposés à toutes sortes de facteurs de stress qui finissent par perturber l'existence de plusieurs d'entre nous, et à nous rendre malades. J'ai développé un peu plus loin des moyens d'intervention sur le stress afin de prévenir certaines maladies mentales.

Il ne faut pas oublier le chapitre des maladies comportementales. Parlons du divorce, la maladie du couple : il y en a de plus en plus. C'est une vraie plaie. Je n'ai pas la prétention d'en connaître toutes les causes ni le traitement. Par ailleurs, il est possible pour chacun d'en reconnaître précocement certains éléments perturbateurs et d'intervenir avant que le pire ne se produise. *Pour le meilleur et pour le pire,* comme on dit. Le meilleur arrive au début la plupart du temps, par la suite, ça empire. Que se passe-t-il pour que ça dégénère ainsi? La routine, l'indifférence, les chicanes, que sais-je? Encore une fois, la maladie est latente, silencieuse. Il faut apprendre à reconnaître très tôt les signes souvent très discrets qui laissent présager une issue dramatique à plus ou moins long terme.

Toutes ces maladies ont en commun une progression lente qui nécessite une intervention précoce afin d'éviter qu'elles ne se manifestent avec toutes les conséquences que cela peut avoir sur votre qualité de vie. La santé, ça s'améliore. À condition d'intervenir partout où il faut pour mettre la maladie en échec. Certaines maladies sont le fruit de nos actes. Votre avenir, en ce qui concerne votre état de santé, dépendra de ce que vous décidez aujourd'hui. Il faut faire un examen de conscience et vous remettre en question : qu'est-ce que je veux obtenir demain comme qualité de vie? Rappelez-vous qu'il n'est jamais trop tard pour corriger une situation malsaine. Vérifiez votre état de santé dans tous ses aspects. Accordez-vous plus d'importance à votre santé financière qu'à votre santé physique, mentale? Pourquoi attendre une catastrophe avant d'intervenir? Nous allons voir un peu plus loin comment, avec un peu de créativité, on peut changer certaines habitudes sans trop en souffrir. Malheureusement, certaines gens sont trop impatientes, elles veulent des résultats tout de suite et abandonnent avant de s'être donné une chance d'améliorer leur condition. L'organisme ne supporte pas les changements brusques, il faut y aller progressivement.

Pensez au rôle que vous jouez vis-à-vis de vos enfants. Vous voulez qu'ils soient instruits, en bonne santé et à l'abri des soucis financiers. Qu'est-ce que vous investissez dans leur éducation physique ou mentale? Ont-ils, eux aussi, les moyens de gérer leur stress? Les enfants ne vivent pas de beaux discours; ils vivent d'exemples.

Le rôle du médecin : vous planifiez votre retraite; vous ramassez de l'argent. Vous voulez vous préserver une bonne qualité de vie. Vos démarches sont louables. Qu'en est-il de votre santé physique et mentale? Qu'en est-il de votre santé dans toutes les sphères d'activités de votre vie quotidienne? Que voulez-vous investir dans votre capital/santé? Il y a des gestes à poser dès maintenant, des habitudes à changer. Pensez-y bien. Votre médecin est un bon courtier et un bon conseiller en placements bonne santé. Il peut vous guider pour des investissements sûrs dans votre REER-santé. N'hésitez pas à le consulter. En attendant, suivez-moi dans mes réflexions.

CHAPITRE 2

DES SYMPTÔMES MAL COMPRIS

La fatigue – *La fatigue physique – La fatigue intellectuelle – La fatigue psychologique – La fatigue généralisée – Le repos – La fatigue-maladie.*
Les troubles du sommeil – *Ce qu'il faut savoir – L'hygiène du sommeil (l'environnement, les activités de dernière heure) – Stress et sommeil perturbé – L'insomnie, source de stress – Le journal du sommeil (période précédent le sommeil, l'endormissement et le réveil, le sommeil fragmenté, durée totale et qualité du sommeil, perturbations des activités quotidiennes) – L'insomnie chronique.*

Beaucoup de patients me consultent pour de la fatigue ou des troubles du sommeil. Deux expériences de vie dérangeantes. Il s'agit souvent de symptômes qui ne témoignent pas nécessairement d'une maladie quelconque mais qui peuvent en être les signes précurseurs. Ils méritent une attention particulière.

LA FATIGUE

Mariette consulte pour de la fatigue. Elle a 32 ans. Elle est mère de deux jeunes enfants de 5 et 7 ans. Son médecin la rassure sur sa condition physique et mentale : l'examen est normal de même que toutes les épreuves de laboratoire. Par ailleurs son mode de vie est excessif : elle travaille à temps plein comme secrétaire-téléphoniste dans une grosse compagnie. Charles, son mari, lui donne un petit coup de main à la maison, mais c'est elle qui en gère le fonctionnement et qui voit principalement aux soins des enfants. Après une journée bien remplie, elle n'a plus d'énergie pour faire quoi que ce soit. Charles s'inquiète de son état : il la trouve distante et irritable.

Jean-Paul a 61 ans. Il a pris sa retraite il y a un an. Il travaillait comme préposé aux bénéficiaires dans un hôpital. Malgré un bilan de santé normal, il se sent toujours fatigué. Françoise rapporte que son époux s'active peu. À part quelques sorties au centre d'achats, il reste branché une bonne partie de la journée sur son téléviseur. Jean-Paul n'est pas dépressif.

Qui n'a pas connu la lassitude ou l'épuisement après une période de surmenage ou d'inactivité? Je ne parlerai pas ici de la fatigue secondaire à une maladie physique ou mentale. Je m'attarderai plutôt à celle qui est directement reliée au mode de vie.

La fatigue physique

Personne n'ignore qu'un muscle fatigué commande le repos, sinon la crampe ou la douleur s'installe. Tout comme l'essoufflement exige un temps d'arrêt pour *reprendre son souffle*. Le corps a ses limites au-delà desquelles il lui faut un temps de récupération et de réparation. Les athlètes ne sont pas à l'abri de ces exigences. Calculez le temps de glace d'un joueur de hockey avant qu'il ne revienne au banc. Observez l'épuisement d'un marathonien au fil d'arrivée. Malgré leur grande forme physique, la fatigue leur réclame un temps de repos.

Chacun a son niveau de tolérance à l'effort avant que ne s'installe la fatigue, et chacun récupère selon son rythme. Le repos ne doit pas être disproportionné à l'effort fourni. Certains passent plus de temps à se reposer qu'à bouger. Ils finissent par perdre de la résistance à l'effort à cause de leur mauvaise condition physique. Et la moindre activité entraîne de la fatigue qui les pousse davantage à l'immobilisme. Est-ce cela *le repos bien mérité*?

La fatigue intellectuelle

Combien de fois ne sommes-nous pas rentrés du travail, complètement exténués avec l'envie de s'écraser dans un bon fauteuil? Certains efforts intellectuels captent toutes nos énergies. Il suffit parfois d'un peu de distraction pour retrouver sa concentration. Une lecture légère ou de la musique procure souvent la détente nécessaire. Et pourquoi pas un peu de conditionnement physique?

Un changement d'activité rétablit souvent l'équilibre physiologique. Parlez-en à ceux qui sont actifs. Vous verrez qu'ils débordent de vitalité. Nous avons tort de croire qu'il ne nous reste plus d'énergie quand la fatigue nous gagne. Nous avons tous vécu les impératifs de se mettre en branle après une journée de travail pour une sortie entre amis ou à un cours intéressant; nous avons tous pris conscience que, finalement, il nous reste toujours un peu d'énergie pour les activités qui nous intéressent.

La fatigue psychologique

C'est celle engendrée par le cumul des problèmes quotidiens avec son lot de contrariétés et d'insatisfactions. Elle mine progressivement les réserves énergétiques de l'individu, entraînant des périodes de lassitude de plus en plus fréquentes. Malheureusement, plusieurs cherchent la détente devant la télévision, la grande nourricière d'émotions qui perpétuent la fatigue psychologique. Ce n'est pas en contemplant le reflet de ses problèmes quotidiens que quiconque trouvera le repos.

La fatigue généralisée

C'est le cas de toutes les Mariette qui en ont trop sur les bras. Des femmes surmenées. Elles travaillent sans relâche du matin au soir. Elles ne trouvent souvent le repos que sous la douche ou dans le bain. Leur résistance est farouchement mise à l'épreuve : et si elles ne réagissent pas, elles devront, tôt ou tard, en payer la facture. Nous avons tous connu de ces jeunes patientes au bout du rouleau.

Idéalement, la journée devrait se diviser en trois périodes à peu près égales : 8 heures de travail, 8 heures à soi, pour se détendre et relaxer, et 8 heures de sommeil. Le débordement chronique d'activités dans la période de repos ou de sommeil peut conduire à du surmenage avec des conséquences fâcheuses sur la santé et la qualité de vie.

Il n'y a pas beaucoup de solutions à ce problème : quand la marmite chauffe, il faut baisser le feu. On n'a pas d'autre choix que de réorganiser sa vie si on veut s'allouer un temps suffisant de repos pour se détendre et se distraire. Des sacrifices sont parfois nécessaires pour atteindre un certain équilibre. La santé physique et mentale est ce qui compte le plus, non la consommation outrancière de biens matériels. Je vois souvent des couples qui, écrasés par des dettes, doivent travailler sans relâche pour répondre à leurs créanciers. Inutile de dire que ces comportements finissent par miner la stabilité du couple et la vie familiale. Il faut se garder une marge de manœuvre qui assure une certaine qualité de vie. Il ne faut surtout pas sombrer dans l'esclavage.

Plusieurs entreprises offrent des possibilités d'emploi à temps partiel, ou des congés sans solde. Comment prévoyez-vous alléger votre fardeau? Certains rêves ne doivent pas dépasser la réalité. S'imposer des changements demande beaucoup de courage. N'hésitez pas à vous remettre en question. Prenez le temps d'établir vos priorités à la mesure de vos capacités.

Le repos

Le repos met fin à la fatigue engendrée par une activité intense qu'elle soit physique ou mentale. Certains atteignent leurs limites très rapidement, ils n'ont pas de résistance à l'effort, ils sont toujours fatigués. Ils passent leur temps à se reposer. Ils en viennent à éviter toute activité pour ne pas se fatiguer. Ce sont des paresseux. Heureusement il s'agit là d'une minorité.

Il existe deux façons de se reposer. Il y a le repos passif qui est malheureusement trop répandu, et le repos actif qui trouve de plus en plus d'adeptes.

Certains ont développé l'habitude de ne rien faire lorsqu'ils se sentent fatigués. Dès leur plus tendre enfance, ils se sont fait dire maintes fois : « Si t'es fatigué, assieds-toi ou va te coucher. » Ils ont vite compris le message. Ils continuent aujourd'hui de faire la sieste jusqu'au coucher. Ils s'assoient devant leur téléviseur, cigarette au bec ou sac de friandises à la main, à s'enivrer d'émotions. Ils n'ont pas de difficultés à se convaincre de se donner ce petit plaisir après une journée éreintante! Il s'agit là d'un repos peu énergisant. Ce sont souvent ces mêmes personnes qui en profitent pour fumer ou manger un petit quelque chose durant leur pause-café, au travail.

D'autres ont su avantageusement convertir leur période de repos en activité récréative. Ils ont appris à gérer de façon constructive ce temps précieux qui leur appartient. Peut-être ont-ils retiré des leçons intéressantes de leur éducation. Peut-être ont-ils souvenir du professeur qui les obligeait, après un cours, à jouer dehors durant la récréation. Ils ont su mettre à profit les bienfaits de telles activités.

On peut se reposer agréablement de tout occupation éreintante, à condition de s'adonner à une activité différente et moins exigeante. La période de transition entre le travail et le sommeil doit servir à la détente. Une partie de ce temps libre doit être consacrée aux activités physiques, aux loisirs et aux hobbies. Il s'agit là, sans aucun doute, d'une façon énergisante de se reposer.

La fatigue-maladie

Si la fatigue persiste et devient invalidante malgré un bon équilibre entre le repos énergisant et les activités de la vie quotidienne, il ne faut pas hésiter à chercher de l'aide. Car la fatigue peut être un signe précurseur d'une maladie en évolution.

De même faut-il consulter si elle est associée à d'autres symptômes.

LES TROUBLES DU SOMMEIL

Pierrette est secrétaire de direction. Depuis quelque temps elle a de la difficulté à s'endormir. Elle regarde le temps s'écouler sur son cadran et anticipe pour le lendemain une grande fatigue au travail.

Alain est étudiant et est en période d'examens. Il travaille tard le soir et n'arrive pas à s'endormir facilement après une longue soirée d'étude.

Georges a été promu directeur de marketing, son travail l'amène souvent à souper tard le soir avec des clients importants. Il s'endort facilement mais son sommeil est souvent fragmenté par des réveils nocturnes fréquents. Il ne se sent pas reposé le lendemain.

Henriette a 76 ans, même si elle se sent bien et qu'elle n'a pas de problèmes particuliers, elle se plaint d'un manque de sommeil. Elle ne dort plus ses 8 heures par jour. Ça l'angoisse.

Denis souffre d'insomnie chronique et se sent constamment fatigué. Il n'a pas d'énergie. Il a des difficultés à se concentrer et il est irritable. Son épouse lui a dit de consulter car il n'est plus endurable.

Beaucoup de patients nous consultent parce qu'ils sont insatisfaits de la qualité de leur sommeil. Soit qu'ils éprouvent des difficultés d'endormissement, soit qu'ils se réveillent fréquemment durant la nuit. Il y en a d'autres qui voient leur nuit se terminer tôt le matin sans pouvoir se rendormir par la suite. On se plaint souvent d'une mauvaise qualité du sommeil ou de sa durée trop courte.

L'insomnie est un véritable fléau. Qui n'a pas connu des périodes transitoires ou prolongées de nuits écourtées à ruminer ses problèmes ou à *compter des moutons?* Les contraintes de la vie quotidienne prolongent souvent la période d'éveil jusqu'aux *petites heures du matin*. Et les tensions nerveuses contribuent largement aux troubles du sommeil.

Je ne parlerai pas des maladies ni des troubles du sommeil liés à des problèmes médicaux ou psychiatriques, même si les recommandations que je vais formuler trouvent des applications pour toutes les formes d'insomnie. Je m'attarderai plutôt aux troubles du sommeil reliés au stress ou à une mauvaise hygiène du sommeil. J'attacherai de l'importance aux traitements non médicamenteux.

Il faut prendre soin de son sommeil. Après tout ne passe-t-on pas le tiers de sa vie à dormir?

Ce qu'il faut savoir

Le sommeil se compose de 4 à 5 cycles de 90 minutes chacun, où on y retrouve successivement des phases de sommeil léger en alternance avec des périodes de sommeil profond.

La qualité et le nombre d'heures de sommeil varient d'un individu à l'autre. Il n'y a pas de recette magique pour déterminer la durée optimale de sommeil. Le profil individuel varie selon l'âge et les circonstances de la vie. Il faut se rappeler que la durée du sommeil diminue progressivement avec les années. Les bébés passent beaucoup de temps à dormir tandis que les personnes âgées voient leur nuit se raccourcir. Il n'y a pas de moment idéal pour s'endormir. Il faut porter une attention particulière à ses habitudes de sommeil et chercher à mettre en pratique ce qui convient le mieux.

Certaines personnes s'endorment dès qu'elles posent la tête sur l'oreiller, la plupart ont besoin d'une période préparatoire au sommeil. Toute activité intense, intellectuelle ou physique, doit faire place à une détente qui induit le sommeil. Nous y reviendrons.

Pour la majorité des gens, l'insomnie est occasionnelle et de courte durée. En général, les troubles du sommeil disparaissent dès qu'un facteur déclenchant est mis hors circuit. Cependant, certains individus continuent de présenter des troubles chroniques du sommeil. Ce type d'insomnie peut avoir des conséquences sur la santé et les activités de la vie quotidienne s'il n'est pas traité.

Le manque de sommeil se mesure à certains critères. Les individus qui ont passé une mauvaise nuit se sentent fatigués le lendemain; ils ont des périodes de somnolence durant la journée. Et si les troubles du sommeil persistent, leur concentration diminue et leur humeur change. Ils deviennent plus irritables. Le meilleur indice d'une bonne nuit de sommeil est de se sentir en forme le lendemain.

Sauf quelques exceptions, l'insomnie est un symptôme et non une maladie. Si elle persiste, il ne faut pas hésiter à consulter pour en chercher la cause et la traiter en conséquence.

L'hygiène du sommeil

Avant de recourir à toutes sortes de substances pour traiter un trouble passager du sommeil, il serait bon de vérifier si les mesures qui en favorisent sa qualité sont bien respectées.

L'environnement : la chambre à coucher ne doit servir qu'à dormir et aux ébats amoureux. On ne doit pas y écouter la télévision qui a un effet stimulant. Les nouvelles de fin de soirée n'ont pas d'effets relaxants, inducteurs de sommeil. Le calme et le silence favorisent une bonne nuit de sommeil.

Il doit y faire noir, et la température ambiante doit être confortable. Qui n'a pas souffert d'insomnie durant les canicules d'été ou lors de panne d'électricité en hiver? Il s'agit de détails qui ont tous leur importance.

Le matelas, la taie d'oreiller et la literie jouent un rôle de premier plan. Rappelez-vous qu'on passe environ le tiers de notre vie au lit. Il ne faut pas lésiner sur l'achat de produits de bonne qualité. Les clients dépensent davantage pour le tape-à-l'œil que pour leur confort, me confiait l'un de mes patients, marchand de meubles.

Beaucoup de gens dorment nus, d'autres dans des vêtements légers, à chacun d'y trouver son aise. En tout temps, il ne faut rien porter de serré ou d'inconfortable.

Les activités de dernière heure : il faut cesser toute activité stimulante au moins une heure avant d'aller au lit. Il faut prendre le temps de décompresser, de relaxer. Donc pas d'activités physiques ni d'activités intellectuelles intenses avant de se coucher. Ce n'est pas le temps de faire du jogging ou de carburer aux mathématiques. Beaucoup d'étudiants éprouvent des difficultés d'endormissement après une longue soirée d'études parce qu'ils ne prennent pas le temps de se détendre avant d'aller au lit. Un bon bain et une lecture légère favorisent le sommeil. Les émissions de télévision à brassage d'émotions ne facilitent pas la détente. Elles excitent davantage qu'elles ne reposent. Je privilégie la musique douce.

Toutes les substances à base de caféine sont à proscrire car elles stimulent la sécrétion d'adrénaline qui est une hormone stimulante, excitante. Il ne faut pas manger avant d'aller au lit. L'alcool n'est pas une bonne solution pour bien dormir, même s'il favorise l'endormissement, il altère la qualité du sommeil. Qui ne se s'est pas senti éméché *le lendemain de la veille,* après avoir consommé un peu trop d'alcool?

Quelle que soit l'heure à laquelle vous vous couchez, levez-vous toujours à l'heure habituelle. On a tous une horloge biologique qui s'ajuste le matin. Beaucoup de gens profitent de la fin de semaine pour faire la *grasse matinée.* Ils restent au lit quelques heures de plus. Ils reconnaissent avoir par la suite plus de difficulté à se mettre en branle. Observez vos ados au sortir du lit, en fin de matinée, ils sont souvent grognons et ce n'est pas le temps de leur demander un service. Ils n'ont pas d'énergie même s'ils ont dormi de 10 à 12 heures.

Il est préférable de se lever tôt, quitte à prendre une petite sieste compensatoire l'après-midi. Je me souviens d'un patient qui souffrait de migraines. Je lui avais demandé de tenir un journal de ses maux de tête. Il souffrait de céphalées assourdissantes durant la fin de semaine. Au lieu de rester au lit le matin, il s'est assujetti à se lever plus tôt et à faire la sieste au besoin. Ses maux de tête ont complètement disparu.

Stress et sommeil perturbé

Les inquiétudes et le stress engendrés par toutes sortes de situations dérangeantes peuvent être à l'origine d'insomnies. Les émotions intenses empêchent de dormir. Combien de gens gagnent leur lit, complètement exténués après une dure journée. Ils s'attendent à dormir d'un sommeil de plomb. Cependant, dès qu'ils posent la tête sur l'oreiller, ils ne s'endorment pas. Leurs yeux restent grands ouverts et leur esprit se met à vagabonder dans un tourbillon de pensées. Que s'est-il passé?

Durant la journée nos sens réagissent à tout ce qui nous entoure : un mouvement, une voix, un bruit etc. L'esprit est mis à contribution pour les activités intellectuelles. Les gens sont alors distraits de leurs préoccupations habituelles. Mais le soir venu, dès que la flamme qui éveille les sens s'éteint dans la noirceur et le silence, l'individu est livré à lui-même. Les préoccupations refoulées durant la journée resurgissent : une pensée apparaît, une autre suit, plus séduisante ou menaçante. Bientôt, l'esprit est envahi par toutes sortes d'idées troublantes. L'imagination s'installe alors avec tout son cortège de scénarios désinvoltes. Les émotions le tiennent en éveil. L'endormissement est retardé.

Il existe un mode d'intervention directe qui vous permet d'échapper à cette situation embarrassante. Si au bout de vingt minutes, vous n'arrivez pas à vous endormir, il est préférable de sortir du lit. Cherchez une activité apaisante et distrayante afin de briser la cascade de pensées dérangeantes, d'émotions intenses et de sommeil perturbé. Je préconise la musique douce ou une lecture légère. L'une de mes patientes, unilingue française, finit par trouver le sommeil en écoutant une station radio qui diffuse en anglais. Elle reste allongée dans son lit, les oreilles branchées sur *une ligne ouverte*. Elle prend soin à chaque fois de programmer son appareil pour qu'il s'arrête automatiquement au bout d'une heure. À chacun de trouver la détente qui lui convient! Dès que l'appel du sommeil se fait sentir, regagnez votre lit en toute quiétude. Cependant, il faudra répéter les mêmes exercices à toutes les vingt minutes si vous n'arrivez pas du premier coup à rompre le cercle vicieux. Soyez sans crainte vos efforts finiront par porter fruit.

Il est à noter également que les émotions intenses qui proviennent de situations agréables peuvent perturber le sommeil. Vous souvenez-vous de la qualité de votre sommeil la veille de vos noces? Lors de votre premier grand voyage? À l'annonce d'une bonne nouvelle? Imaginez-vous gagner à la loterie! Il s'agit de stress positif souvent responsable d'insomnie transitoire.

Les troubles ponctuels du sommeil sont davantage reliés aux préoccupations de chacun. Les gens ne vivent pas tous les situations contraignantes de la même façon et avec la même intensité. Pour certains, il s'agit d'événements mineurs, tandis que pour d'autres, ils prennent des proportions démesurées. Chacun a sa perception bien personnelle de la réalité. Il ne faut pas que les pensées négatives, qui sont rattachées aux problèmes de la vie quotidienne, génèrent des émotions désagréables et invalidantes qui perturbent l'esprit au moment où il a le plus besoin de se reposer.

Il est important d'apprendre à gérer son stress pour prévenir les troubles du sommeil. Il existe sur le marché de nombreux ouvrages sur la relaxation, l'imagerie mentale et la méditation. Toutes ces techniques contribuent à diminuer les tensions nerveuses et à favoriser un meilleur sommeil. Je vous réfère au chapitre sur la gestion du stress pour une approche plus approfondie.

L'insomnie, source de stress :

L'endormissement difficile peut générer du stress ce qui contribue à maintenir les troubles du sommeil. L'insomniaque voit le temps s'écouler sur son cadran, alors il calcule le nombre d'heures qui lui restent à dormir et les juge insuffisantes. Des émotions désagréables l'envahissent et perturbent sa quiétude : il appréhende avec beaucoup d'angoisse sa journée du lendemain; il s'inquiète de ses performances dans ses activités de la vie quotidienne; ses nouvelles préoccupations l'empêchent de dormir.

Et à chaque soir le même scénario se répète. Il a peur de ne pouvoir s'endormir. Ses craintes se concrétisent : il n'arrive plus à s'endormir. Un cercle vicieux s'est créé.

La première démarche consiste à détourner du regard le cadran qui rappelle les troubles du sommeil, par la suite il faut polariser son attention sur une activité qui favorise la détente. Pour ceux qui ont un réveille-matin avec radio programmable, je recommande d'écouter de la musique douce de 30 à 60 minutes. L'écoute passive de la musique permet de retrouver le calme nécessaire à l'induction du sommeil.

Le journal du sommeil

Si les troubles du sommeil semblent vouloir persister malgré les recommandations énumérées plus haut, je vous suggère de faire votre journal du sommeil pour une durée indéterminée. Il n'y a pas de limites de temps. Le journal est un outil essentiel pour apprécier la durée et la qualité de votre sommeil. Il permet également de cerner certains facteurs de risque à l'origine de votre insomnie. Le but est de circonscrire le mieux possible vos difficultés à dormir et d'en connaître la cause. Peut-être y découvrirez-vous des choses intéressantes qui vous permettront de clarifier votre problème et d'apporter les correctifs nécessaires à une meilleure qualité de votre sommeil. Sortez votre stylo et dressez votre tableau.

Période précédant le sommeil : Êtes-vous bien détendu avant de vous mettre au lit? Laissez-vous vos problèmes à la porte de votre chambre? Comment gérez-vous votre stress? Arrivez-vous à contrôler vos émotions? Votre environnement est-il confortable? Vérifiez à nouveau si vous appliquez toutes les mesures d'hygiène du sommeil.

L'endormissement et le réveil : Il faut noter l'heure à laquelle vous vous mettez au lit. Et si possible l'heure à laquelle vous vous êtes endormi. Notez l'heure de votre réveil. Ces données vous permettront d'apporter des précisions sur la durée totale de votre sommeil.

Le sommeil fragmenté : À chaque fois que vous vous réveillez durant la nuit, notez l'heure de votre réveil et l'heure à laquelle vous vous êtes rendormi. Ayez votre stylo et du papier à portée de la main. Notez également pourquoi vous vous êtes réveillé. Était-ce à la suite d'un cauchemar ou pour vider votre vessie? Quelques mots sur vos rêves, si possible. Ils peuvent être utiles pour comprendre vos problèmes.

Durée totale et qualité du sommeil : Calculez le nombre d'heures qui se sont écoulées entre l'heure à laquelle vous vous êtes endormi et l'heure à laquelle vous vous êtes réveillé. Imaginons que vous vous êtes couché à 23 heures pour vous endormir à 23 h 30, et vous vous êtes levé à 6 h 30. Vous aurez donc cumulé 7 heures de sommeil entre votre coucher et votre lever. Additionnez maintenant la durée de vos réveils nocturnes : imaginons que vous vous êtes réveillé 2 fois, et que ça a pris 15 minutes à chaque fois pour vous rendormir. Vous aurez donc à soustraire 30 minutes de la durée de votre sommeil enregistrée entre le coucher et le lever.
Durée totale du sommeil = Durée entre l'endormissement et le réveil – Durée totale des réveils nocturnes.

Durée totale du sommeil = 7 heures moins 30 minutes = 6 heures 30 minutes.

Vous aurez donc dormi 6 heures 30 minutes, au total.
En ce qui concerne la qualité de votre sommeil, vous devez l'apprécier sur une cotation de 1 à 10; le score maximal correspondant à une nuit de sommeil où vous vous sentez reposé et plein d'énergie au réveil. N'hésitez pas à spécifier comment vous vous sentez au réveil : fatigué, épuisé, reposé... Évaluez également la qualité de votre sommeil : Était-il agité, calme? Soyez le plus précis possible.

Perturbations des activités quotidiennes : Si vous avez tendance à vous endormir durant la journée, notez-le. Si vous prenez des siestes, indiquez-en la fréquence et la durée. Vous vous sentez alerte, *frais et dispo toute la journée,* bravo! Plus vous mettrez de détails dans votre évaluation, plus vous aurez de facilité à circonscrire le problème.

L'insomnie chronique

Il peut arriver que certains éléments vous échappent et que vous n'arriviez pas à améliorer ou corriger vos troubles du sommeil. L'insomnie aura alors tendance à devenir chronique. Il ne faut pas hésiter à consulter votre médecin dès que votre qualité de vie est menacée. Il vous aidera à trouver la cause de votre insomnie et à instaurer un traitement efficace afin d'améliorer votre qualité de sommeil et vous permettre un fonctionnement optimal durant la journée. Apportez-lui votre journal.

Il est important de savoir que les somnifères ne font pas disparaître la cause de votre insomnie. De plus, le risque de dépendance est toujours présent avec ces médicaments et certains effets secondaires ne sont pas négligeables. Attention aussi à l'automédication avec toutes sortes de substances sans ordonnance, elles ne sont pas dénuées non plus d'effets secondaires et d'interactions médicamenteuses. Parlez-en à votre médecin.

BONNE NUIT! FAITES DE BEAUX RÊVES!

CHAPITRE 3

POUR UNE MEILLEURE QUALITÉ DE VIE

Des changements s'imposent – *Des changements qui profitent ou qui nuisent – Des changements qui viennent de soi.* **La connaissance** – *La connaissance de soi – Des outils à votre portée (la lecture)* **La créativité** - **Limites et réserves** – *Les limites – Les réserves (se faire des réserves).*

Martin souffre de maladie pulmonaire obstructive chronique à cause du tabagisme. Il s'essouffle au moindre effort. Il manque d'air alors que c'est la seule denrée vitale qui ne fait pas défaut sur terre. Sa qualité de vie est sérieusement compromise.

Charles, la soixantaine avancée paye chèrement la facture pour ses excès de poids et d'alcool. Plusieurs maladies l'ont rattrapé : il souffre de diabète, d'hypertension et de maladie coronarienne. Il prend beaucoup de médicaments. Pendant que ses amis profitent de leur retraite, Charles est très limité dans ses activités.

La science et la technologie contribuent largement à l'amélioration des conditions de vie dans toutes nos sphères d'activités. De nombreuses commodités nous rendent la vie plus agréable et plus confortable. N'est-on pas dépourvu de ressources importantes lorsque survient une panne d'électricité, un bris d'aqueduc ou un téléphone qui flanche? Les mesures d'hygiène et les antibiotiques ont mis fin aux grandes épidémies qui ont décimé des populations entières.

Avec les progrès de la médecine, l'homme peut espérer vivre jusqu'à 78 ans, tandis que la femme peut atteindre l'âge de 82 ans. Cependant, l'expectative de vie en bonne santé se rétrécit à 70 ans pour l'homme, et à 74 ans pour la femme qui n'exerce pas de contrôle sur son mode de vie.

De nombreuses maladies affectent l'être humain à tout âge sans qu'il puisse malheureusement en modifier leur évolution. Cependant, il appartient à chacun d'intervenir sur les facteurs de risque de maladies associées au mode de vie. Personne n'ignore que le tabagisme, les abus d'alcool, la drogue, les excès alimentaires, la vie sédentaire et la mauvaise gestion du stress, pour ne nommer que ceux-là, favorisent le développement de plusieurs maladies qui affectent grandement la qualité de vie d'un individu.

La santé n'est-elle pas le bien le plus précieux? Pensez au bouleversement de votre existence ou celle de votre entourage lorsque la maladie vous frappe, ne serait-ce qu'une banale infection respiratoire. Tout est chamboulé : vous n'arrivez plus à fonctionner normalement dans vos activités de la vie quotidienne.

Si vous croyez que votre qualité de vie passe par les richesses que vous accumulez, détrompez-vous. Je connais des *gens riches et célèbres* qui troqueraient leurs biens pour un peu de santé. Sans elle, ne comptez pas profiter de vos trésors. Votre qualité de vie est greffée à votre état de santé.

Se préserver une bonne qualité de vie, c'est se permettre de profiter de la vie au maximum pour ce qu'elle nous donne. Il ne faut pas se contenter d'exister ni attendre des miracles pour l'améliorer. Il faut exploiter ses richesses personnelles et investir tout le temps et les efforts nécessaires pour la conserver ou la retrouver lorsqu'elle nous échappe.

Pour l'améliorer, il faut souvent opérer des changements qui viennent de soi. On a tous une certaine qualité de vie sur laquelle on peut intervenir. Il y a des gens qui se satisfont de peu dans l'espoir que la vie se charge d'eux. D'autres aspirent à beaucoup mieux. Ils ont compris que le plus à ajouter dépend d'eux. On est comme le moyeu d'une grande roue où chaque rayon représente une activité de vie qui nous relie à notre univers. Plus vous aurez agrémenté vos centres d'intérêt, pris soin de votre santé, et développé des activités secondaires intéressantes, plus vous donnerez de la force à votre roue de vie. En améliorant ainsi votre qualité de vie vous aurez plus de chances de vous mettre à l'abri des coups durs et votre roue de vie continuera à tourner même si l'un des rayons se brise. Il y des gens qui voient leur vie s'effondrer lorsque leur activité principale de vie est perturbée, donc des gens qui avaient peu de rayons à leur roue. La qualité de vie se cultive comme une plante. Il faut l'entretenir pour la voir s'épanouir.

La santé du couple, la santé au travail tout comme la santé physique et mentale exigent des efforts de tous les jours pour les préserver. Ce n'est pas un miracle ou une grâce tombée du ciel. Les gens en sont responsables également. Ils ont un rôle important à jouer dans la continuité de leur qualité de vie. Souvenez-vous que sans la santé, on est très limité.

Commencez tout de suite à investir dans votre RÉER santé. N'attendez pas que la maladie vous rattrape et perturbe votre qualité de vie. Et si par malchance elle vous tombe dessus, sachez qu'il n'est jamais trop tard pour préserver le maximum de vos capacités. Le prétexte de l'âge ne tient pas. Il y a des gens du troisième âge qui savent conserver une bonne qualité de vie en intervenant directement sur leur mode de vie.

J'ai remarqué que les gens prennent davantage soin de leurs problèmes physiques que de leur santé mentale. Chacun a sa pharmacie ou ses potions magiques pour faire obstacle aux dérangements physiques. Faites-vous autant d'efforts pour vous préserver une bonne qualité de vie sur le plan psychologique?

La qualité de vie, ce n'est pas une fois l'an, comme les vacances. Il faut se réserver du temps tous les jours pour en prendre soin. Toutes les activités physiques, sociales ou autres, contribuent à la maintenir.

Les cures instantanées comme les formules voyage *tout compris*, ça n'existe pas dans le maintien de la qualité de vie. Il n'y a pas de pilule qui guérit tout ou qui gère tout. La vie exige des efforts de tous les jours. Les résultats sont à la mesure de ces efforts.

Quelle qualité de vie voulez-vous vous donner? Que faisiez-vous que vous ne faites plus mais que vous pourriez faire à nouveau si vous y mettiez les efforts voulus. Quels sont vos rêves? Que voulez-vous réaliser demain qui soit à la mesure de vos capacités? Si vous ne plantez pas de graines vous ne goûterez pas les bons légumes de votre potager. La qualité de vie s'articule autour du corps, de l'esprit et de l'âme. Le cancéreux aux prises avec un corps malade, va chercher dans son cœur et dans son esprit les moyens de soulager un peu sa souffrance et de se préserver une certaine qualité de vie.

Vous avez une grande part de responsabilité dans votre devenir. Mais pour y arriver…

DES CHANGEMENTS S'IMPOSENT

Jacinthe et Maxime consultent leur médecin. Leur vie de couple bat de l'aile, rien ne va plus. Des changements s'imposent.

Jean-Pierre a cinquante ans, les examens de laboratoire confirment la présence du diabète. Des changements s'imposent.

Geneviève est cadre intermédiaire dans une petite entreprise, elle est anxieuse. Le grand patron l'a convoquée pour lui faire part de la nécessité d'opérer des changements dans son département.

Bernard résiste au changement : « À 54 ans docteur on change pas; c'est trop tard. »

Tout bouge autour de nous. Tout est changement. La nature se transforme au gré des jours et des saisons. Les couleurs prennent des teintes différentes sous les jeux d'ombres et de lumière. Les paysages qui nous entourent se transforment majestueusement. Les légumes poussent inlassablement dans nos jardins. Les fleurs qui ornent nos parterres et nos champs parfument l'air de nouvelles odeurs. Les arbres grandissent et déploient leur feuillage toujours plus abondant. Les saisons se succèdent et la nature se métamorphose continuellement. Les mutations ne sont pas toujours perceptibles, mais avec le temps, elles se mesurent plus facilement.

Le travail nous fait vivre un flot de chambardements. Les entreprises doivent se réorganiser, se réformer et innover pour répondre à la concurrence du marché. Les virages technologiques nous obligent à retourner sur les bancs d'école pour répondre aux nouvelles exigences. Les changements de personnel nous convient à une plus grande souplesse dans nos rapports avec les autres. Le travailleur doit constamment s'ajuster aux variations des conditions de travail. Il lui faut développer de nouveaux mécanismes d'adaptation à tous ces remaniements. Une attitude rigide ne fait pas bonne figure. Tout bouge autour de soi et il faut entrer dans la danse. Plusieurs compagnies d'importance ont dû fermer leurs portes en périodes de récession. Elles avaient réagi trop tard au changement.

Les conditions de vie et les conditions sociales se transforment continuellement. Les gens changent, évoluent. On ne pense plus de la même façon; on n'agit plus comme avant. Il n'y a pas une seule journée sans qu'il ne s'opère un changement autour de nous. Les enfants grandissent, nos parents et nos amis vieillissent. Nous aussi on change : notre corps se transforme; les rides apparaissent et les capacités physiques puis intellectuelles diminuent. Notre esprit se transforme. Nous ne pensons plus comme nous le faisions à vingt, trente ou quarante ans. Que vous le vouliez ou non, dans moins de temps qu'il n'en faut pour vous en apercevoir, le monde aura changé encore une fois.

Des changements qui profitent ou qui nuisent : Il y a des changements extérieurs qui conviennent, d'autres, non. Votre employeur modifie avantageusement votre environnement de travail, bravo! Votre conjoint est plus distant, ça vous agace. Votre fils ne veut plus aller à l'école, vous êtes inquiet. Vous vivez des situations qui peuvent affecter grandement votre tranquillité. Les gens qui refusent de voir le changement ou qui ne réagissent pas adéquatement à ses manifestations éprouvent, tôt ou tard, des problèmes. Il ne faut pas non plus suivre bêtement tout ce qu'il y a de nouveau ou rejeter du revers de la main tout ce qui s'impose avec autorité. Il ne faut pas résister sans discernement au changement. Il faut le comprendre, l'apprivoiser, le domestiquer, s'il y a lieu. Il ne faut pas se laisser distancer par les événements. Il faut intervenir quand c'est possible et nécessaire. Comme il faut accepter les choses qu'on ne peut changer.

Malheureusement il y a trop de gens qui n'évoluent pas, des gens qui voient la vie à travers des ornières. Ils pensent toujours de la même façon, ils ont toujours la même attitude et leur comportement est stéréotypé. Sur le chemin de la vie, ils croient être les seuls à avoir le bon pas. Ils ont toujours le même discours dépassé. Ils s'évertuent à vouloir tout changer autour d'eux. Les choses et les gens doivent changer, pas eux. Tout le monde a tort : le gouvernement, l'employeur, le professeur, le conjoint... Jamais ils ne se remettent en question.

Il est plus facile de se complaire ou de s'endormir dans la facilité. Changer, c'est avancer, évoluer vers quelque chose de mieux. Ça demande un effort, de la discipline, de la patience et de la persévérance. Rester au même point alors que tout est en mouvement, c'est régresser.

Des changements qui viennent de soi : N'êtes-vous pas *tanné* de la monotonie, de la routine? Vous pouvez intervenir sur votre mode de vie. Il n'est pas nécessaire d'opérer de gros changements pour améliorer votre qualité de vie. La nature humaine a horreur des changements brusques. Faites quelque chose de nouveau tous les jours, rien de compliqué. Vous verrez vite votre vie se transformer. Pourquoi ne pas changer pour le mieux, modifier certaines habitudes nuisibles? Commencez tout de suite votre entraînement. Les résultats ne tarderont pas à venir.

Pour changer, il faut reconnaître ses mauvais plis, ses comportements rigides et ses préjugés tenaces. Il faut se remettre en question. Il faut voir ce qui a changé pour le meilleur ou pour le pire dans toutes ses activités de la vie quotidienne. Mettez autant d'ardeur à vous changer que vous en mettez pour changer votre auto, votre ameublement ou votre décoration. Essayez de vous changer un peu avant de tenter de tout bousculer autour de vous. Recherchez tout signe subtil de changement. N'attendez pas que la maladie vous rattrape dans un domaine ou l'autre de votre vie, qu'elle vous impose des changements radicaux.

Vous prenez du poids, votre taux de cholestérol a augmenté : une lumière jaune s'allume. Des changements s'imposent. Les connaissances explosent dans tous les domaines. Remettez vos habitudes alimentaires en question, faites de même pour vos idées coulées dans le béton. Si vous êtes fumeur, sachez que vous n'êtes pas venu au monde fumeur, vous l'êtes devenu. Vous pouvez changer, vous arrêter, il n'en tient qu'à vous.

Docteur, je ne comprends pas, je n'étais pas comme ça avant. Réalisez-vous que vous avez changé? Gardez le contrôle de votre vie. Imposez-vous des changements heureux et nécessaires dans toutes vos activités de la vie quotidienne. Profitez de tous les outils qui vous permettront d'opérer les changements nécessaires.

LA CONNAISSANCE

Gabriel a 54 ans. Le message de son médecin est percutant : « Vous glissez dangereusement vers une maladie grave, s'est-il fait dire, vous devez changer vos habitudes de vie. » Quoi faire? Par où commencer? Gabriel l'ignore.

Johanne et Richard ont agrémenté leur vie de couple d'un joli poupon. Ils désirent lui donner la meilleure éducation qui soit et ne veulent pas être dépassés par les événements. Ils veulent apprendre.

Pour savoir ce qu'il faut changer ou améliorer, vous devez d'abord connaître vos besoins, vos forces, vos faiblesses et vos limites. Il vous faudra ensuite répondre à des questions très précises concernant les sphères d'activités où vous voulez intervenir, et les comportements à adopter pour y parvenir. Imaginons que vous vouliez décorer votre appartement : vous allez d'abord déterminer ce que vous voulez, pour ensuite dresser des plans qui tiennent compte de votre budget. Vous chercherez les matériaux qui vous permettront d'atteindre vos objectifs. Peut-être aurez-vous besoin d'aide pour l'exécution de vos travaux. Il en est de même pour toutes vos activités de la vie quotidienne. Vous manquez de confiance en vous et vos relations interpersonnelles en souffrent. Vous cherchez des moyens de l'améliorer et vous utilisez les outils que vous avez trouvés. Dans un cas comme dans l'autre vous aurez besoin d'acquérir des connaissances.

Une mise en garde s'impose : attention aux incompétents qui s'affichent comme des connaisseurs. Les conseils gratuits peuvent vous coûter très cher. Je me souviendrai toujours de cette dame âgée qui avait été dirigée à mon professeur de gynécologie alors que j'étais étudiant en médecine. Elle souffrait d'anémie, secondaire à des *menstruations* qui avaient recommencé après de nombreuses années d'une ménopause tranquille. Lorsqu'on lui demanda pourquoi elle avait tardé à consulter, elle répondit tout bonnement : « C'est ma voisine qui m'a rassurée : *compte-toi chanceuse,* lui avait-elle dit; *quand tes règles reprennent, ça veut dire que tu rajeunis.*» La pauvre dame n'a pu bénéficier d'un traitement efficace pour son cancer, il était trop tard!

Je me rappelle également ce bon père de famille qui a vécu âprement les dégringolades du marché boursier. Il a suivi les conseils de son beau-frère qui se *pétait les bretelles* d'avoir fait beaucoup d'argent à la bourse. Son manque de discernement lui a coûté toutes ses économies et une bonne dépression.

La connaissance de soi : Elle commence par un temps d'arrêt, un moment de réflexion sur soi avant de monter dans l'autobus qui vous mènera vers des horizons nouveaux.

Vous donnez un rendez-vous galant. Vous prenez soin de vous préparer, vous faire beau, donner bonne impression. Vous pensez à ce que vous allez dire. C'est important pour vous. Votre rencontre peut être le point de départ d'une aventure excitante. Vous ne voulez pas rater votre chance.

Toute votre vie, vous prenez des rendez-vous avec un grand nombre de personnes, que ce soit pour prendre soin de votre santé ou de votre apparence, ou même de votre auto. Vous avez souci de vos biens et de votre bien-être. Vous voulez ce qu'il y a de mieux pour vous. Vous ne lésinez pas sur les efforts à fournir pour arriver à vos fins.

À votre travail, on organise des réunions pour faire le point sur certaines situations problématiques. On cherche à savoir ce qui ne va pas. On discute de solutions acceptables. On recourt parfois aux conseils d'un expert. On se fixe de nouveaux objectifs. Et on arrête une date pour une nouvelle rencontre afin de vérifier le chemin parcouru.

Pourquoi ne pas prendre rendez-vous avec vous-même pour vous regarder naviguer dans les courants parfois difficiles de la vie? Je demande souvent à mes patients s'ils seraient prêts à donner 30 minutes de leur temps, 4 à 5 fois par semaine, à la personne qui leur est la plus chère. L'unanimité fait le poids pour aider cette personne à préserver sa santé. « N'êtes-vous pas la personne la plus importante de votre vie, celle qui mérite le plus d'attention? Ai-je pris soin de leur demander ensuite. »

N'êtes-vous pas intéressé à vous connaître, à en apprendre davantage sur vous? La plupart des gens éprouvent beaucoup de difficultés à se décrire parce qu'ils ne se connaissent pas vraiment. Les défauts et quelques actions d'éclats ressortent plus souvent que les qualités et les états d'âme. Certains se reconnaissent à ce qu'ils ne sont pas ou ne font pas.

La vie est devenue une course effrénée. On se crée des obligations qui nous forcent à courir sans arrêt et on finit par perdre rapidement le contrôle de sa vie. On ne se donne plus le temps de s'arrêter pour réfléchir. La routine s'installe; la passivité nous détruit peu à peu. Les problèmes surgissent sans qu'on les ait vu venir. Le constat d'échec est bouleversant. Il faut réagir avant qu'il ne soit trop tard. Il faut se donner du temps pour réfléchir sur soi.

Prendre rendez-vous avec soi, c'est se permettre de se voir évoluer dans la vie. C'est prendre conscience de soi pour être à son écoute, pour mieux se connaître. C'est se poser des questions, faire le point sur son vécu. C'est chercher à identifier les malaises qui nous habitent, qui nous dérangent, dans le corps comme dans l'esprit. C'est chercher des solutions aux problèmes. C'est également identifier les acquis pour mieux les préserver. Au début, les recherches sont difficiles et on ne trouve pas grand chose. En fait, c'est étonnant de voir tout ce qu'on peut découvrir sur soi avec un minimum d'efforts.

Il ne faut surtout pas tricher, se cacher la vérité, même si elle fait mal. Il faut être honnête avec soi-même si on veut réellement avancer dans sa recherche du mieux-être. Nos pensées négatives, nos attitudes et nos comportements erratiques font partie de nous; il faut savoir les reconnaître avant de vouloir les changer. Il ne faut surtout pas se confondre dans toutes sortes d'excuses qui nuisent à une saine démarche.

Partez à la recherche de vous-même en déposant sur le papier le fruit de vos réflexions. Faites comme si vous étiez au travail : réfléchissez, observez, approfondissez vos recherches et produisez un rapport à votre nouvel employeur, c'est-à-dire vous-même. Écrire sur soi, c'est se projeter à l'extérieur, se voir en spectateur.

Maintenant que vous vous connaissez un peu mieux et que vous savez quoi changer pour améliorer votre situation, trouvez maintenant les outils nécessaires pour le faire.

Des outils à votre portée : l'apprentissage par l'expérience est une bonne façon d'apprendre. Mais pourquoi se compliquer la vie quand on peut profiter de l'expérience des autres? Les mises en garde vous éviteront des désagréments tandis que les expériences positives qui s'appliquent à vous, vous ouvriront la voie à une démarche constructive. Je suis toujours étonné de voir des gens se planter par ignorance dans des expériences désagréables alors qu'ils auraient pu les éviter en prenant soin de chercher l'information nécessaire à la solution de leur problème. Il existe tellement de ressources à notre portée, que ce soit auprès de personnes compétentes ou encore dans les livres qui traitent de sujets d'intérêt. Les manuels d'instruction portant sur tous les domaines ne sont-ils pas là pour vous faciliter la tâche? Vous trouverez certainement une référence qui vous conviendra pour vous aider à améliorer votre alimentation, votre condition physique ou mentale et même votre vie sexuelle. De nombreux parents préviennent des tensions de toutes sortes lorsqu'ils consultent régulièrement des manuels qui traitent des étapes parfois turbulentes du développement normal de leur enfant. Ils savent à quoi s'attendre lorsque la réalité les frappe. Ils ne sont pas paralysés par l'effet de surprise. Enrichissez-vous des connaissances qui vous permettront de réaliser les changements qui s'imposent...

La lecture : Nous sommes nombreux à avoir fréquenté l'école pour apprendre à lire et à compter. Ces connaissances nous ont permis d'accéder à la littérature, aux mathématiques et à l'histoire. Par la suite, nous avons appris un métier ou une profession pour nous assurer un avenir prometteur. On continue d'apprendre parce que tout change autour de nous. Pourquoi ne pas développer davantage cette curiosité en vous ouvrant à tout ce qui peut vous enrichir personnellement. La connaissance, c'est l'oxygène du cerveau, sa nourriture.

Toutes les sources d'informations ont leur intérêt : je privilégie la lecture. Il est relativement facile aujourd'hui de trouver des ouvrages complets sur des sujets variés. Beaucoup d'experts partagent leurs connaissances et leurs expériences dans différents domaines. Attention! Les ouvrages n'ont pas tous la même valeur.

Je recommande de prendre quelques informations sur l'auteur : ses qualifications, son expérience, sa façon de communiquer. J'aime bien prendre connaissance de la table des matières, des sujets qui y sont traités. Je prends également le temps de lire quelques lignes pour voir si l'écriture me convient.

Lorsqu'il s'agit de sujets à connotation psychologique ou de croissance personnelle, il faut lire le document lentement. Il ne s'agit pas d'un roman. Il faut prendre le temps de chercher ce qui s'applique à soi, le souligner, le mémoriser et le digérer avant de poursuivre la lecture. Élargissez votre expertise en lisant plusieurs ouvrages sur le même sujet.

Chaque auteur a sa façon personnelle de présenter son sujet. Certains ouvrages sont de véritables livres de recettes, d'autres sont accompagnés de réflexions et de conseils de toutes sortes. À chacun de trouver la forme d'apprentissage qui lui convienne. Relisez plusieurs fois un ouvrage d'intérêt ou recourez-y fréquemment afin de mettre en pratique tout ce qui peut s'appliquer à votre vie de tous les jours. Laissez-le traîner quelque part, bien en vue, ou suggérez-le à quelqu'un de votre entourage si vous croyez qu'il puisse lui être d'une quelconque utilité. N'hésitez pas à partager vos connaissances avec d'autres personnes intéressées.

Je me méfie un peu des questionnaires-analyses qui confrontent l'individu à une réalité qui souvent le dépasse. Ils sèment parfois plus de confusion que d'assurance. Certains lecteurs s'inquiètent de leurs performances à ces tests. Ils se croient anormaux ou à tout le moins déviants. Il faut savoir qu'il y a des gens qui vivent différemment des autres sans pour autant être anormaux.

Enrichir ses connaissances dans quelque domaine que ce soit permet une plus grande ouverture d'esprit qui favorise la créativité. Quelles sont vos lectures préférées? Lisez-vous des revues, des journaux, des livres? Vos lectures sont-elles diversifiées? Vous intéressez-vous aux sports, à l'actualité, aux arts, aux sciences, aux biographies, aux romans? Quel changement voulez-vous apporter à vos lectures? Quels champs d'activités voulez-vous explorer? Ne vous contentez pas d'un seul type de lecture. Partez à la découverte d'un monde extraordinaire.

LA CRÉATIVITÉ

Bernadette a mis fin à une timidité qui la tenaillait depuis son adolescence. Elle s'est inscrite à des cours de théâtre. Sa persévérance l'a récompensée.

Benoît a tendance à tout « bardasser » autour de lui quand ça ne fonctionne pas à son goût. Ses parents lui ont acheté un « punching-bag » pour assouvir son agressivité.

Pourquoi parler de créativité? Ce n'est pas un domaine qui appartient aux arts ou à la publicité. Pondre de nouvelles idées peut certainement contribuer à enrichir la qualité de vie et élargir le spectre des solutions aux différents problèmes de la vie quotidienne. Lorsque ça va mal, il faut souvent repenser sa façon de voir les choses. Le monde des affaires nous en fournit des exemples tous les jours. Combien de compagnies ne passent pas à travers les récessions ou la compétition. Pourtant, plusieurs réussissent à se tailler une place en trouvant des solutions originales à leurs problèmes. Certaines réinventent leurs façons de procéder. D'autres profitent des erreurs d'autrui pour développer un produit ou un service différent. Celui qui n'a pas adapté son processus de gestion à toutes sortes d'éventualités, risque d'avoir des problèmes lorsque la situation devient instable. La créativité est l'outil par excellence lorsqu'il faut se sortir de l'embarras ou répondre à de nouvelles contraintes. Il en est de même dans toutes les sphères d'activités de la vie quotidienne.

La créativité, c'est agrandir son univers. C'est se donner la chance de voir toutes les dimensions possibles d'une chose. En dessin, c'est la perspective, la profondeur. Être créatif, c'est voir autrement, penser autrement afin d'agir autrement. Le pire ennemi de la créativité, c'est soi-même avec tous ses interdits, ses préjugés et ses fausses croyances. La routine et l'inactivité nuisent au développement de la créativité.

Remarquez les artistes manier la ligne, la forme, la lumière et la couleur afin de donner une interprétation nouvelle et personnelle de la réalité. En vieillissant, les enfants perdent peu à peu leur façon inventive de voir les choses. On a malheureusement trop tendance à leur dire ce qu'ils doivent voir.

La médecine nous oblige à être créatif lorsqu'il s'agit de transmettre de l'information. Comment personnaliser cette information de plus en plus abondante? Comment particulariser des recommandations générales pour convaincre le malade du bien-fondé d'un traitement? Lorsqu'on voit le taux de plus en plus élevé d'inobservance au traitement, sommes-nous assez persuasifs ou convaincants?

Il n'est pas essentiel de trouver des idées géniales qui vont changer le monde ou faire de vous des millionnaires. Quelques nouveautés peuvent transformer votre univers. Vous voulez décorer votre intérieur; il n'est pas nécessaire de changer tout votre mobilier ou repeindre tous les murs. Quelques accents de couleurs ou quelques accessoires suffisent à créer une atmosphère agréable. Une épinglette ou un petit foulard peuvent donner de l'éclat à votre tailleur. Quelques fleurs, un peu de musique, peuvent faire toute la différence pour donner de la saveur à votre vie. Réfléchissez à tous ces petits changements qui peuvent agrémenter votre vie.

Ne faites pas toujours les mêmes choses, changez vos habitudes alimentaires ou vestimentaires. Ne buvez pas toujours le même vin. N'allez pas toujours voir les mêmes films. Voyez autre chose et partez à la découverte. Faites des choses imprévisibles; laissez-vous de la place pour la surprise.

Vous aimez prendre des vacances et les planifiez souvent à l'avance? Vous avez hâte d'en jouir. L'imagination ne fait pas défaut pour trouver des façons agréables de les passer. Vous ne voulez pas y arriver, crevés, en convalescence. Vous voulez les gérer à votre goût et en profiter pleinement. Pourquoi ne pas planifier vos fins de semaine de la même façon. Et tant qu'à y être, pourquoi ne pas planifier un moment, libre de toute contrainte, tous les jours : une heure le soir, qui vous appartienne, que vous utiliserez à votre guise. Tout se prête à la créativité.

Vous êtes *tanné* de faire toujours le même trajet en automobile ? Changez de moyen de transport en essayant l'autobus ou le métro, ou faites du covoiturage. Syntonisez un nouveau poste de radio, écoutez vos cassettes préférées. Découvrez de nouvelles façons de voyager.

La créativité trouve des applications dans tous les secteurs d'activités de votre vie. Vous pouvez en retirer des bénéfices autant à la maison qu'au travail. Un chef de service d'une entreprise me raconta un jour comment il avait vécu une coupure d'effectifs dans son service. Ses plaintes et ses revendications ne trouvaient pas d'écoute attentive à un niveau supérieur. Ses employés étaient démotivés, certains surmenés. Il organisa plusieurs rencontres avec eux afin d'étudier de nouvelles façons de concevoir et d'exécuter le travail. Chacun était mis à contribution dans ce plan de relance. Les résultats furent étonnants. De plus, un sentiment d'appartenance et d'utilité s'installa rapidement. Ils avaient compris que seul l'argent ne pouvait répondre à tous les besoins. Il fallait aussi repenser la façon de faire les choses.

La routine tue le couple. Personne ne l'ignore. Mais quels sont ceux qui se donnent la peine d'améliorer, d'agrémenter ou d'allumer à nouveau leur vie à deux? Ça prend peu de choses. Souvenez-vous des premiers moments passés ensemble : une fleur, un petit cadeau, une soirée au cinéma ou un souper en tête-à-tête suffisaient pour tisser des liens plus étroits. Les belles surprises ont toujours eu de l'éclat et un effet tonifiant pour le couple. Un patient fleuriste me rapportait faire des profits honorables lors d'anniversaires importants. Sa boutique se vide à tout coup. Pourquoi ne pas multiplier les occasions de fêter quelque chose. Votre vie de couple n'en vaut-elle pas la peine?

Ce qui était bon autrefois ne l'est peut-être plus aujourd'hui. Pensez aux mauvaises habitudes alimentaires acquises au fil des années. Avec un zeste de créativité dans la préparation des repas, les changements seront certainement plus faciles à opérer.

Rappelez-vous que les apparences sont souvent trompeuses. Même si tout semble aller pour le mieux il faut redoubler de prudence. Peut-être qu'il y a une maladie silencieuse qui s'installe.

Routine, habitudes, manière de penser et d'agir sans effort. N'est-il pas temps d'en changer quelques-unes? Ne vous dérobez pas dans des excuses ronflantes : *Chu pas capable; j'ai pas le temps; j'ai pas de talent...* L'évolution de l'individu se mesure à l'énergie qu'il met dans ses activités et à la persévérance et la détermination qu'il a à les poursuivre. Développez graduellement votre créativité. Un petit changement tous les jours; des parcelles de bonheur pour toujours!

LIMITES ET RÉSERVES

Robert et Nancy roulent sur le crédit et travaillent tous les deux; ils ont un bungalow et chacun a son auto; la vie est belle. Mais voilà, Robert perd son emploi et tout s'écroule. Ils risquent de perdre leur maison. Ils n'ont pas prévu les mauvais coups.

Roméo est à la retraite; il fait une vie sédentaire; il est obèse. Son angine de poitrine est bien contrôlée avec des médicaments. Mais voilà qu'un beau jour d'hiver il s'affaisse alors qu'il enlevait la neige de son auto. Son cœur n'a pu résister à l'effort.

Éric a 28 ans; il gagne un bon salaire; il vit en appartement et dépense beaucoup. Il s'endette, ça ne le dérange pas car il peut payer. Il n'investit pas dans son avenir. S'il perd son emploi; c'est la ruine; il retournera chez papa et maman.

Jean-Paul a gaspillé sa santé : il a toujours fait des excès. Au fil des ans, la maladie l'a rattrapé. Il n'avait pas de réserve pour la prévenir.

Les limites et les réserves assurent indubitablement le maintien d'une bonne qualité de vie et permettent souvent de l'améliorer.

Les limites : La limite, c'est souvent la ligne de démarcation entre la sécurité et le danger, la tranquillité d'esprit et les inquiétudes, une bonne santé ou la maladie. Beaucoup de restrictions nous sont imposées : personne n'ignore les limites de vitesse ou sa marge de crédit. La limite fait référence à ses possibilités, ses capacités. On ne peut pas tout faire; il n'y a que

24 heures dans une journée. On ne peut pas toujours plaire à tout le monde. Il y a un prix à payer à toujours dire oui. Il faut apprendre à dire non. On ne peut pas dépenser sans compter. Tout comme on ne peut aspirer courir le marathon si on ne s'est pas bien préparé pour cette épreuve. Le risque pour sa santé dépasse alors les bienfaits escomptés. Il faut mettre un frein là où il y a absence de moyens.

Chacun a sa zone de confort, de sécurité. Elle dépend du moment ou des circonstances. Nous perdons des capacités physiques avec l'âge et la maladie. Les aînés se plaignent souvent de troubles de mémoire. La résistance au stress diminue avec le temps. La capacité de dépenser et de payer les factures est étroitement liée à la stabilité d'un bon emploi. Toutes nos activités de la vie quotidienne sont ainsi soumises à un ballottement dont l'encadrement maintient le plus possible l'équilibre entre les exigences du milieu et les capacités d'y répondre. Certains domaines demandent plus d'efforts que d'autres pour le maintenir.

Il est important de se fixer certaines limites. Elles doivent tenir compte de leur interaction avec l'environnement. Certaines personnes ont tendance à dépasser leurs limites. Et dès que survient un problème, tout s'écroule. D'autres repoussent leurs limites en se faisant des réserves.

Les réserves : Avoir des réserves, c'est s'assurer contre les coups durs, afin de se préserver une bonne qualité de vie. On peut se bâtir un capital-santé tout comme on peut se ramasser un capital financier.

Beaucoup de gens vivent à crédit. Ils n'ont plus d'argent en réserve pour se protéger contre le moindre revers financier. Parfois l'endettement est tellement sérieux qu'ils n'ont plus de marge de manœuvre pour se payer les petites gâteries qui agrémenteraient leur vie de tous les jours.

Certains n'ont plus de réserve de temps, même une heure par jour, pour se retrouver seuls dans leur bulle ou dans l'intimité de leur couple.

D'autres sont de plus en plus vulnérables au stress ou à la maladie : ils n'ont plus de réserve d'énergie pour répondre aux exigences de la vie quotidienne. Le moindre effort devient une menace pour leur santé physique, et la moindre contrainte, une source déstabilisante pour leur santé mentale.

Se faire des réserves : pour ne pas vous perdre dans un labyrinthe de problèmes financiers, faire un budget vous permet de garder un certain contrôle sur vos entrées et vos sorties de fonds. La plupart des gens vivent à crédit. Et en autant qu'ils peuvent payer les factures, il n'y a pas de problème. Cependant, la saisie de biens précieux peut faire très mal quand l'endettement dépasse la capacité de rembourser. Je connais beaucoup de consommateurs au pouvoir d'achat limité qui se laissent tenter par une publicité qui ne leur convient pas du tout : *achetez maintenant et payez plus tard.* Quand arrive le temps de rendre l'argent, ils doivent vivre les tortures de leurs créanciers ou se trouver un travail d'appoint pour joindre les deux bouts. Une forme d'esclavage qui nuit à leur bien-être. Prévoir acheter un bien et économiser pour l'obtenir, voilà une attitude intelligente. Mettre de l'argent de côté, en cas d'imprévu, voilà un autre comportement qui peut vous éviter bien des soucis. Êtes-vous sûr d'être un bon payeur? Avez-vous une sécurité d'emploi et des chances de promotion? Êtes-vous prêt à faire face au prêteur, en cas de grève dans votre milieu de travail? Pensez-y, les coups durs n'arrivent pas qu'aux autres! Et le stress associé à ces obligations est parfois important. Je ne veux surtout pas créer un état de panique, loin de là. Je veux simplement encourager la réflexion sur le concept de réserve.

Quant aux investissements majeurs et à long terme comme l'achat d'une auto neuve ou d'une maison, prévoyez faire des paiements qui ne grugent pas votre qualité de vie. Je connais de jeunes couples aux prises avec des coûts hypothécaires considérables. Il ne leur reste plus d'argent pour les petits plaisirs qui agrémentent la vie de tous les jours. Vingt ou trente ans à rembourser, c'est long. Mais passer tous ses week-ends à la maison parce qu'on n'a pas d'argent pour sortir, c'est encore plus long.

Le même raisonnement s'applique à votre condition médicale. Vos capacités dépassent-elles ou sont-elles en deçà des exigences physiques de la vie quotidienne qui se résument, la plupart du temps, à marcher à l'occasion, se rendre à l'épicerie du coin en auto, prendre l'ascenseur ou jouer à la *chaise musicale*, à la maison. Faites l'inventaire de vos dépenses d'énergie au cours de la journée. Calculez le temps que vous passez assis, debout, à marcher, etc. Vous verrez que mon estimation est assez juste. Faites-vous un budget santé. Avez-vous de l'énergie en réserve pour répondre aux imprévus, comme ramasser les feuilles en automne, déblayer l'auto en hiver, ou monter un escalier ou une pente abrupte si nécessaire? Votre cœur pourra-t-il soutenir cet effort sans risque? La mise en forme, grâce à un programme d'exercices appropriés, c'est votre marge de manœuvre en cas de besoin. Faites-vous des réserves tout de suite. Il va de soi que mon message s'adresse à tous, et particulièrement aux *baby-boomers* aux prises avec des maladies silencieuses.

Votre équilibre psychologique est étroitement lié à la seule activité principale de votre vie ou à l'opinion que les autres se font de vous. Une contrainte survient et vous êtes blessé dans tout votre être. Faites-vous des réserves d'estime et de confiance en vous par la pratique d'activités secondaires constructives. Nous y reviendrons plus loin.

Michel a une bonne santé; il est heureux; il fait régulièrement de l'exercice, s'alimente bien et gère bien son stress. Il sait maintenir un juste équilibre entre le travail et les loisirs. Sa vie sociale s'en porte bien. Il garde le contrôle sur sa destinée. Il est bien armé pour faire face aux problèmes de la vie quotidienne ou pour donner suite à des projets ambitieux. Il a de grandes chances de voir son capital/santé et son capital monétaire lui assurer un avenir prometteur.

CHAPITRE 4

MODE DE VIE ET MALADIE : LE STRESS

Le stress – Processus de développement de la maladie mentale *– Les stresseurs – Comment les différents stresseurs peuvent vous affecter – La maladie – Le traitement – Prévention et rechute.* **Comment gérer son stress –** *Modèle de travail sur la gestion des problèmes (reconnaître le problème, rechercher des solutions, confrontation des solutions, le choix d'une solution, la mise en application de son premier choix, la vérification des résultats, exemple de gestion de problème moins évident.)* **Modèle de travail sur la perception des événements** *– situation ou événement responsable d'une angoisse non négligeable – La perception – La confrontation des idées avec la réalité – Émotions et réactions* **Mode de vie à risque –** *Une vie avec ou...sans problème – L'équilibre rompu : le surmenage – La routine – Un seul champ d'activité, c'est pas suffisant – Le manque d'activités secondaires – La faute des autres – Des excuses toutes faites – Les peurs incontrôlables – Les préjugés – Des jugements sans discernement – Le cordon ombilical – Le temps n'arrange pas les choses – La consommation et le stress.* **Comment réagir promptement aux situations stressantes** *– Les interventions du moment – Les interventions après coup – Et pour les pensées envahissantes – Garder le contact avec la réalité de tous les jours.* **Pour devenir moins vulnérable au stress –** *La découverte de soi (la détente proactive, la détente passive) – Faire le tour de son univers – Rêves, passions et projets – Questions et réflexions – Un peu de créativité – Adapter la détente à ses besoins (la musique, la vidéo, la lecture, apprendre le dessin et la peinture) – La sélection des amis.* **Et si ça ne va pas malgré tout – La maladie frappe – Le lien entre le corps et l'esprit – La place de la spiritualité.**

Nous voilà maintenant au cœur du problème. Comme je l'ai dit plus haut, on ne peut pas intervenir directement sur les facteurs génétiques. Notre hérédité nous suit partout et pour toujours. Cependant, certaines maladies héréditaires, tout comme plusieurs maladies acquises, nécessitent un terrain propice à leur développement. C'est là qu'il est possible de changer le cours de son histoire médicale. Notre façon de vivre joue un rôle de tout premier plan dans le développement de nombreuses maladies. Personne n'ignore les méfaits d'une mauvaise alimentation dans la genèse des troubles métaboliques et du rôle joué par le tabagisme dans les maladies respiratoires et cardiaques. De nombreux cancers sont intimement liés à l'environnement et au mode de vie. Il y a là de quoi frémir.

Votre mode de vie dépend de vous : il est sous votre entière responsabilité. Pour changer votre façon de vivre, il faudra vous affranchir d'une partie de votre éducation qui l'a influencée. Si votre mode de vie est malade, il y a de fortes chances de voir apparaître d'autres maladies plus graves encore qui peuvent bouleverser votre vie et vous rendre malheureux. Combien de Pierre, Jean, Jacques, Marie, Denise et Béatrice ai-je vu glisser vers une maladie silencieuse à cause d'un mode de vie malade. Plus d'un réagissent à temps, mais encore trop de gens attendent d'être terrassés par l'attaque violente d'un organe cible avant de se prendre en mains. La prévention n'est pas encore totalement reliée à nos mœurs : la maladie est encore associée à un mal identifiable. Pourquoi se faire traiter quand on ne ressent rien?

Une bonne gestion du stress, une saine alimentation et de l'exercice régulier sont les secrets d'une bonne qualité de vie. Ils nous protègent contre beaucoup de maux. L'abus de substances peut ruiner la santé physique et mentale d'un individu. Il est toujours temps de s'affranchir de ses comportements nuisibles et d'adopter de bonnes habitudes de vie. Attaquons-nous d'abord au stress, ce fléau de l'ère moderne qui porte souvent ses coups de façon insidieuse.

LE STRESS

Gérard se lève tous les matins en grognant contre la météo, contre le café bouillant ou les rôties trop sèches. Il n'aime pas la tête qu'il voit dans le miroir et anticipe un bouchon de circulation et une journée pénible au travail.

Ça commence bien la journée, sans compter qu'il va sûrement chialer contre un bus trop lent ou un chauffard du dimanche. Il va avoir toutes les difficultés du monde à contenir sa colère contre un client impatient, un collègue paresseux ou un patron trop exigeant.

Il va finir par extérioriser ses frustrations en déblatérant contre son équipe de hockey qui a subi un revers, contre les gouvernements, les compagnies et les patrons qu'il rend responsables de tous les malheurs du monde. Il va s'en prendre à tout ce qui ne fonctionne pas à son goût.

Sa soirée se terminera probablement par une chicane de couple où il se croira encore une fois lésé : *tu me comprends pas,* répètera-t-il à son épouse, avant de manifester son mécontentement.

Petite histoire où plus d'un se retrouveront. Pour être heureux, il va lui falloir changer ses attitudes et ses écarts de conduite néfastes avant de vouloir changer le monde. Avec le temps, le risque de voir s'installer des troubles majeurs d'anxiété est important.

Mariette est une grande anxieuse : lorsqu'elle n'en peut plus, elle s'évade dans l'alcool ou la drogue. Elle a cessé de consommer il y a quelques semaines et se sent mieux. Mais elle appréhende la fête de Noël qui lui a fait vivre quelques rechutes.

Elle comprend que cette grande fête va toujours revenir tous les ans, et qu'il n'en tient qu'à elle de le vivre autrement afin de ne pas sombrer à nouveau dans sa dépendance. Elle a opté pour du bénévolat auprès des plus démunis. Cette démarche lui a permis de reprendre suffisamment confiance en elle pour résister à la tentation de boire.

Suzy est anxieuse. Toute sa vie tourne autour du travail, dès qu'il se produit une contrainte, elle vit une déprime. Elle ne pense qu'à ça et n'a pas de répit. Elle est branchée sur une seule activité de vie.

Tout en apprenant à prendre ses distances vis-à-vis de son travail et à gérer son stress, Suzy a développé de bonnes techniques de relaxation. Elle a réduit sa consommation de télévision pour une détente *proactive*. Elle fait du conditionnement physique et suit des cours de danse. Elle se sent beaucoup mieux.

– Denis doit passer une entrevue pour un emploi; il est inquiet.
– Marielle ne dort pas, même si elle s'est bien préparée pour ses examens à l'université. Elle est très angoissée.
– Jean-Paul a perdu son emploi et anticipe le pire.
– Nicole ne veut plus travailler dans une tour à bureaux depuis les événements du World Trade Center, à New York.
– Carole a peur de l'avion et refuse une promotion intéressante qui lui commande des déplacements à l'extérieur du pays.
– Jeanne et Maurice vont se séparer. Les frustrations sont venues à bout de leur union.
– Myriam a 14 ans, son petit copain lui a dit qu'elle n'était pas normale parce qu'elle n'avait pas encore couché avec un garçon.
– Béatrice surprotège sa petite Mélanie afin d'éponger la carence affective dont elle se dit victime depuis son enfance.
– Édouard sera bientôt à la retraite et est très angoissé. Il ne sait pas ce qu'il va faire.
– Yvette a toujours refoulé ses frustrations, maintenant elle fait des scènes de colère à Georges. Elle ne contrôle plus ses émotions. Elle a même cassé de la vaisselle lors d'une altercation mineure.

Des situations souvent banales au départ, qui peuvent dégénérer en problèmes plus importants si elles ne sont pas maîtrisées. À la longue, les contraintes s'accumulent et finissent par miner l'existence. La recherche de solutions adaptées peut certainement atténuer l'anxiété et contribuer au mieux-être. De plus, l'apprentissage d'une bonne gestion du stress améliore le seuil de tolérance aux frustrations de toutes sortes et diminue le risque de maladie mentale. Certaines situations de stress sont plus difficiles à contrôler et nécessitent une aide spécialisée. Les victimes de toute forme de violence, par exemple, doivent consulter le plus rapidement possible afin d'éviter les séquelles de leur traumatisme.

Personne n'échappe au stress de la vie moderne. Les exigences toujours plus grandes finissent par triompher des plus aguerris. La vie est devenue une course effrénée contre la montre et les obligations de toutes sortes forcent les gens à bûcher sans arrêt pour ne pas s'écarter de leurs rêves souvent utopiques. Ils doivent performer en tout et finissent par s'épuiser et perdre le contrôle de leur vie. L'angoisse et la déprime les guettent à tout moment. Les gens ne se donnent plus le temps de s'arrêter pour réfléchir sur leur vie. Ils sont happés par une publicité sauvage qui leur dicte leur conduite tout en leur soumettant des modèles inadéquats. La routine s'installe sournoisement sans qu'ils ne s'en rendent compte, et la passivité les détruit peu à peu. Les problèmes surgissent sans qu'ils ne les aient vu venir. Le constat d'échec bouleverse. Certains arrivent à gérer leur stress, d'autres, pas. Ils vivent alors des troubles d'adaptation à différentes situations. Ils deviennent anxieux ou déprimés. On dit qu'environ 1/3 des adultes manifesteront, au cours de leur vie, des symptômes qui répondent aux critères de la maladie mentale.

Alors, comment empêcher les facteurs de stress de nuire à votre santé physique et mentale. Comment intervenir efficacement pour prévenir le développement de la maladie mentale? Chacun a le pouvoir de neutraliser certains éléments dérangeants de son existence, à condition d'y mettre les efforts nécessaires pour y arriver. Toute démarche ponctuelle de croissance personnelle finit par donner des résultats encourageants sur sa qualité de vie. Il ne faut pas attendre la catastrophe avant de réagir. Soyez attentifs à tout signe d'une glissade silencieuse vers la maladie.

Il y a des prédispositions pour la maladie mentale comme il y en a pour les maladies physiques. Une mauvaise hygiène mentale favorise le développement de troubles psychiatriques. Autant il faut adopter de bonnes habitudes de vie dans toutes nos sphères d'activités de la vie quotidienne, autant il est impératif également de se mettre en bonne condition mentale pour éviter le plus possible la dépression et les troubles anxieux qui sont, sans contredit, les maladies mentales les plus fréquentes.

PROCESSUS DE DÉVELOPPEMENT DE LA MALADIE MENTALE

On ne connaît pas encore toutes les étapes du développement de la maladie mentale. On lui attribue une origine multifactorielle. Il y aurait une interaction entre les facteurs biologiques, psychologiques et environnementaux. Je vous propose un modèle simple de l'évolution de la maladie mentale à partir de l'exposition de l'individu à différents facteurs de stress, et de son incapacité à les maîtriser. Encore une fois, vous reconnaîtrez la progression silencieuse de la maladie vers sa manifestation la plus dramatique.

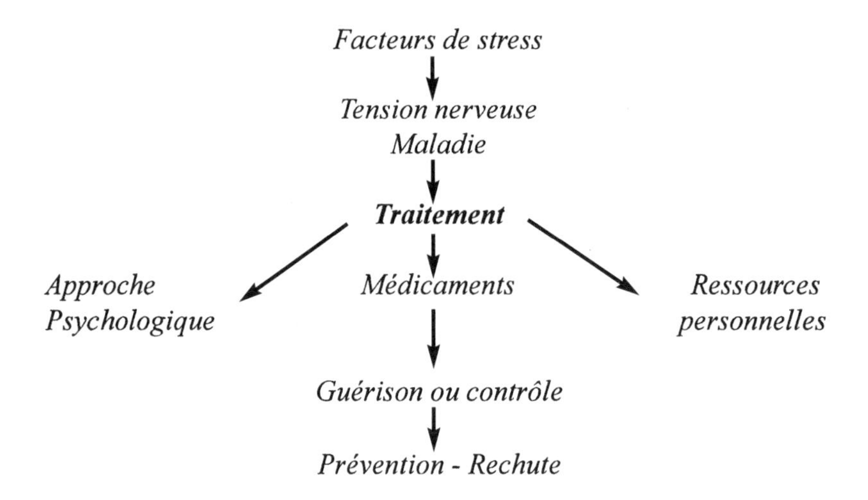

Ce schéma nous laisse clairement voir la séquence des événements conduisant à la maladie. On y voit, d'ores et déjà, se dessiner un déséquilibre entre l'exposition de l'individu aux différentes sources de stress et sa capacité d'y répondre. Nous allons prêter une attention particulière à la prévention de la maladie et à sa rechute. Nous allons chercher les signes précoces de maladie silencieuse afin d'en contrer ses manifestations tardives. Quelques informations sur le processus de guérison compléteront le tableau.

Les stresseurs

Un stresseur, c'est comme un bruit qui agace, qui dérange. Sa persistance ou son intensité finit par miner l'endurance du plus tenace et l'irriter royalement. Certains peuvent supporter le vacarme, d'autres réagissent au moindre chuchotement. Le seuil de résistance au stress varie d'un individu à l'autre. Nous verrons comment augmenter notre seuil de tolérance et comment nous adapter le mieux possible aux obligations embarrassantes qu'on ne peut éliminer. Il y a dans la vie des irritants plus importants que d'autres; des facteurs de stress plus marquants.

Le quotidien regorge de situations déplaisantes. On n'a qu'à penser aux changements de température qui viennent contrecarrer les projets prévus à l'extérieur, aux lignes d'attente qui nous rendent impatients, aux insatisfactions courantes, à la maison, au travail ou dans la vie en général. Toutes sortes de conditions ennuyeuses qui réveillent l'angoisse et assombrissent l'humeur.

Les échecs scolaires, la perte d'un emploi ou la rupture amoureuse génèrent beaucoup d'anxiété. Notre état de santé et celui de nos proches demeurent une grande source d'inquiétude. Certaines étapes de la vie sont plus difficiles à franchir que d'autres : la ménopause, le vieillissement et la retraite laissent parfois des séquelles désagréables. Il va de soi qu'il s'agit là d'une énumération très succincte des multiples problèmes qui peuvent perturber notre quiétude. À chacun de compléter sa liste de stresseurs dans toutes les sphères d'activités de sa vie quotidienne.

Malheureusement, certaines expériences de la vie sortent de l'ordinaire et laissent parfois des traces indélébiles. Toute forme de violence physique ou psychologique cause souvent une souffrance qui paralyse la victime dans toutes ses activités. Ces personnes doivent recourir d'emblée à une aide spécialisée pour les aider à sortir de leur torpeur. La perte d'un être cher peut provoquer des bouleversements importants, même si l'esprit conçoit très bien que la mort soit la finalité de la vie. Pas étonnant de voir beaucoup de personnes âgées sombrer dans la dépression alors que tous leurs proches disparaissent.

Toute activité qui provoque un changement peut être source de stress, même les hasards heureux. Je me souviens de l'inquiétude d'un patient défavorisé qui avait gagné beaucoup d'argent. Il anticipait la perte de ses amis à cause de son nouveau mode de vie qui le distinguait maintenant des autres.

Jetons un coup d'œil sur le rôle de ces facteurs de stress dans la genèse de la maladie mentale. Gardez à l'esprit la glissade parfois dramatique d'une maladie silencieuse vers une maladie plus sérieuse.

Comment les différents stresseurs peuvent vous affecter?

En général, nous supportons assez bien les pressions de la vie moderne. Elles font partie de notre quotidien et nous nous en accommodons convenablement. Certaines situations nous font réagir plus que d'autres sans toutefois bousculer notre quiétude. La plupart du temps, notre niveau d'anxiété subit des variations qui ne diminuent pas notre bien-être. Qui ne s'est pas senti nerveux ou tendu lors de relations difficiles avec les autres, ou lors d'insatisfactions existentielles? La vie ne s'arrête pas là pour autant. Une certaine maîtrise de la situation et des activités agréables compensatoires suffisent à préserver l'équilibre psychologique.

Cependant, l'accumulation de petites frustrations ou l'exposition à un stress inhabituel finit par saboter la résistance de l'individu. Il en vient à perdre sa capacité d'adaptation. Le poids des émotions se fait sentir. La tension nerveuse augmente. L'inquiétude et la déprime apparaissent. Le corps lance des messages témoignant de son malaise; la qualité de vie est menacée. Les troubles du sommeil s'installent peu à peu, et l'humeur change au gré des événements. Parfois c'est la tempête : *Je ne sais pas ce qui m'a pris de lui faire ça,* me répéteront certains patients aux prises avec des sentiments de colère. D'autres me diront, tout en pleurs : *Je ne sais pas ce qui se passe*; *je ne comprends pas ce qui m'arrive; je n'étais pas comme ça; je n'ai aucun problème*. Des gens qui ont perdu le contrôle de leur vie.

Les comportements prennent des dimensions démesurées par rapport aux événements, avec les conséquences négatives qui s'ensuivent sur la vie personnelle. Les émotions guident la conduite des gens qui agissent souvent de façon inappropriée ou répréhensible. Des accès de colère ou des effusions de pleurs dominent. Ces personnes sont malheureuses. Elles ont tendance à s'isoler. Elles perdent peu à peu l'intérêt pour les activités de la vie quotidienne.

Il va de soi que la sévérité des symptômes est proportionnelle à la durée du stress et à sa gravité. Chaque individu a son seuil de tolérance au stress.

Dès que les premiers signes apparaissent ou que l'inconfort s'empare de vous, il est important d'agir avant que la maladie ne s'installe. Le corps lance des messages qu'il faut décoder pour une intervention précoce et efficace dans le processus de l'évolution de la maladie. La reconnaissance de la séquence des événements conduisant à la maladie favorise la prévention. Chacun peut développer des aptitudes à reconnaître ce qui le stresse et à mieux en gérer les effets.

La maladie

La maladie mentale peut s'installer insidieusement ou de façon brutale à la suite d'événements traumatisants de la vie, comme la perte d'un être cher, par exemple. Elle peut survenir de façon progressive sans qu'on puisse véritablement en retracer toutes les causes. Nous allons nous attarder davantage à celle qui est étroitement liée à l'intolérance au stress. Elle est fréquente et n'a rien à voir avec la folie. Il faut dire qu'il existe encore de nos jours de nombreuses croyances erronées sur la maladie mentale.

Je ne voudrais pas repasser en détail toute la symptomatologie entourant les diverses maladies mentales. Il existe un grand nombre d'écrits là-dessus. J'esquisserai au passage le visage de la dépression, les troubles d'adaptation et les troubles anxieux. Il s'agit des maladies mentales les plus fréquemment rencontrées en pratique générale. On qualifie ces troubles de légers, modérés ou sévères, suivant le degré de souffrance vécu par le malade. Les gens atteints de maladie mentale vivent parfois une douleur dans l'âme qui les rendent incapables de fonctionner dans toutes les sphères d'activité de leur vie quotidienne. Ils doivent recourir à l'aide d'un intervenant en santé mentale, que ce soit leur médecin de famille, un psychiatre ou un psychologue.

On a tous connu des gens, en apparente bonne santé mentale, qui se sont suicidés. Quelle horreur de s'arracher à la vie à cause d'une douleur insoutenable. La maladie mentale tout comme la maladie physique détruit des vies et tue bien du monde. Il faut s'y arrêter et la stopper. Les signes extérieurs ne sont pas toujours évidents comme dans la maladie physique. Les repères nous échappent souvent. Ce que l'on entend et l'on voit de la maladie mentale n'est souvent que le pâle reflet des états d'âme de ceux qui en souffrent.

Le traitement

Quelques mots seulement au sujet du traitement, car le contenu de ce livre vise davantage la prévention de la maladie que son traitement. Je voudrais tout d'abord ouvrir une parenthèse sur l'approche pharmacologique. Il faut savoir que les médicaments ne font pas qu'atténuer les symptômes, ils jouent véritablement un rôle dans le processus de guérison. Ils agissent au niveau de certains neurotransmetteurs du cerveau qui permettent aux cellules nerveuses de faire leur travail. Il existe des corroborations scientifiques à l'appui de ces données.

La diminution progressive de la dose du médicament atténue, s'il y a lieu, le risque potentiel d'une dépendance. Votre thérapeute interviendra au moment opportun. Les effets secondaires ou indésirables apparaissent souvent dans les premiers jours du traitement pour se résorber par la suite. C'est seulement lorsqu'ils sont sérieux ou qu'ils persistent qu'il faut les cesser ou en aviser son médecin ou son pharmacien. En ce qui concerne les interactions médicamenteuses, soulignons toute l'importance de faire l'énumération complète de vos médicaments, en y incluant les *produits naturels*. Ils ne sont pas dénués d'effets indésirables ni d'interactions avec des médicaments.

Même si les symptômes s'atténuent rapidement, il est souvent nécessaire de prendre les médicaments sur une longue période. Ne prenez pas d'initiatives personnelles sans d'abord en discuter avec votre thérapeute.

À la pharmacothérapie s'ajoutent les traitements de psychothérapie qui visent à développer chez le patient des mécanismes d'adaptation, des moyens de résoudre ses problèmes et des façons de garder le contrôle de sa vie.

Le succès de la thérapie repose essentiellement sur la participation du malade à toutes les étapes de son traitement.

Prévention et rechute

Mais avant que l'anxiété normale ou que l'anxiété symptomatique ne devienne pathologique, c'est-à-dire maladie, ne vaut-il pas la peine d'intervenir dans son processus d'évolution? Tout comme il est d'intérêt d'agir avant que la déprime n'évolue vers une dépression majeure ou que les difficultés d'adaptation ne se transforment en de véritables troubles d'adaptation. Et si jamais la maladie vous frappe, ne vaut-il pas la peine de travailler fort à sa prévention pour ne pas souffrir encore une fois? Rappelons-nous que le risque de développer une maladie mentale s'accroît considérablement. Personne n'est à l'abri de ce fléau, à un moment donné ou l'autre de sa vie.

Gérer son stress, ça s'apprend. C'est une excellente façon de se mettre à l'abri de certaines maladies mentales. Il faut y mettre des efforts et de la bonne volonté. Quelle satisfaction de garder le contrôle de sa vie!

COMMENT GÉRER SON STRESS

Le but de l'exercice est de vous amener à gérer convenablement votre stress. Pour vous en libérer, il nécessite votre participation de tous les instants. Il est vrai que la société va mal et que nos dirigeants n'administrent pas toujours bien les affaires publiques, que tout va parfois de travers à la maison ou au travail, et que votre bien-être s'en ressent. Mais VOUS que pouvez-vous faire pour améliorer votre condition? Êtes-vous toujours dans l'attente qu'il va se passer quelque chose ou que tout va s'arranger avec le temps? Pour avoir une bonne qualité de vie, les résultats se mesurent aux efforts fournis.

Beaucoup de gens restent toute leur vie au stade des vœux pieux : *Il faudrait bien que je fasse ceci ou cela,* les entend-on souvent répéter. Ils aimeraient bien changer quelque chose dans leur vie sans pour autant être obligés de passer à l'action. Des gens passifs dont leur seul bien-être dépend de tout ce qui se passe autour d'eux. Si ça va bien, ils vont bien. Mais si ça va mal, ils souffrent. Ce sont ces mêmes personnes qui conditionnent leur vie à toutes sortes d'excuses : *Si j'avais du talent; si je gagnais à la loterie...*

On estime à environ 20 % l'utilisation de nos capacités intellectuelles. On s'en sert dans les affaires courantes, les études et tout autre activité nécessitant une aide mentale. Alors pourquoi ne pas mettre aussi votre cerveau à contribution dans la gestion de votre stress? Après tout n'êtes-vous pas la personne la plus importante de votre vie? La preuve du lien entre le corps et l'esprit, l'émotion et la maladie n'est plus à faire.

Quand ça va mal, que pouvez-vous faire pour que ça aille bien? Blâmer votre patron ou votre conjoint de tous les maux? S'évertuer à vouloir changer le monde alors que vous n'arrivez même pas à changer le moindre comportement dérangeant de votre vie? Soyez réaliste! N'est-il pas plus sage de chercher à s'adapter à ce qu'on ne peut changer?

Pour une bonne gestion du stress, il faut d'abord identifier les causes, les grandes comme les petites; reconnaître le stress qui évolue sournoisement, celui qui *picosse* lentement, qui fait mal et qui vient à bout de votre tolérance, ou celui qui s'accumule jusqu'à l'éclatement. Les gens écoutent davantage leur corps. Le mal de tête, les brûlements d'estomac ou les maux de dos inquiètent davantage que les signes d'une mauvaise condition mentale. Il faut investir autant dans sa santé mentale que dans sa santé physique.

Alors, pour ceux et celles qui ont des pensées négatives, des difficultés à résoudre les problèmes quotidiens ou à prendre des décisions, je vous propose un modèle de travail qui peut vous aider à améliorer votre qualité de vie.

Modèle de travail sur la gestion des problèmes

La première étape consiste à identifier le ou les problèmes qui perturbent votre existence. Comme je l'ai dit plus haut, il y a des stresseurs majeurs, mais aussi des stresseurs moins importants qui évoluent à bas bruit, et finissent par vous pourrir l'existence. Ensuite, il faut choisir parmi toutes les solutions retenues, celle qui pourrait donner des résultats satisfaisants dans la résolution du problème. La démarche finale comporte une vérification des résultats avant d'aborder un autre problème.

Reconnaître le problème

Il n'est pas toujours facile de mettre le doigt sur un problème particulier. La première évaluation se résume souvent à un constat de situation : *Ça va pas bien au travail, dans les études ou à la maison.* Aucun détail pertinent. L'individu éprouve un malaise sans pouvoir le préciser davantage. Rappelez-vous que les stresseurs évoluent souvent sournoisement et qu'ils se multiplient avec le temps.

C'est précisément au moment où vous ressentez un inconfort qu'il faut être à l'écoute de vous-même, de vous arrêter pour vous observer, vous poser des questions sur ce qui ne va pas tout en tentant d'identifier le plus possible le ou les facteurs déclenchants. La description de vos émotions fait partie de cette étape initiale.

C'est ici que commence le véritable travail : Il faut sortir un stylo et du papier afin de noter toutes les activités de la vie quotidienne qui génèrent de l'angoisse ou un malaise quelconque. Pourquoi ne pas en profiter également pour répertorier toutes vos activités de vie en général et leur attribuer un degré de satisfaction. Peut-être découvrirez-vous des activités qui ont perdu de l'intérêt sans pour autant être problématiques. Qui sait, un petit coup de brosse peut suffire à débroussailler une situation précaire et éviter des désagréments. Cette prise de conscience exige de l'honnêteté envers soi-même, de l'humilité à reconnaître aussi ses faiblesses et une volonté d'améliorer constamment sa qualité de vie.

Répertorier ses activités de vie n'est pas toujours aisé. Je vous suggère une façon de procéder. Votre expérience personnelle saura l'enrichir. Dressez d'abord un tableau de vos activités principales, à savoir : votre travail, votre vie de couple ou familiale et vos activités secondaires telles que vos loisirs, vos activités physiques et vos moments de détente, par exemple. N'hésitez pas à allonger la liste, elle est très succincte. Elle sert de référence. Vous seul êtes en mesure de personnaliser votre inventaire.

Et chaque soir, avant de vous mettre au lit, inscrivez dans une colonne ce qui vous a plu, et dans une autre, ce qui vous a déplu en regard de ces activités. Après un certain temps, il sera plus facile de déterminer ce qui est problématique. Ayez soin de préciser pour chaque catégorie d'activités, de quelle situation il s'agit : *Ça ne va pas comme vous voulez au travail!* S'agit-il d'une surcharge de travail ou d'un problème de communication avec le patron ou un collègue? Il va de soi qu'il faut annoter également les émotions ressenties lors de ces situations. On exprime souvent la joie en des termes comme, excitant, super, merveilleux, heureux, agréable, etc. Les termes préoccupé, inquiet, découragé, malheureux et triste réfèrent, quant à eux, à la déprime. En ce qui a trait aux capacités fonctionnelles, les qualificatifs de bon à rien, d'inutile, d'inférieur, d'incompétent et de manque de confiance s'y prêtent bien. Les sentiments d'amour s'expriment par la tendresse, l'affection, la chaleur, la sympathie et l'attention etc. Quant à la peur, on parle davantage d'anxiété, de manque de confiance en soi, d'insécurité, etc. Libre à vous de consulter le dictionnaire des synonymes pour une description plus exhaustive.

Pour certains, le problème surgira d'emblée de par son intensité émotive. Pour d'autres, ce sera la répétition d'événements plus ou moins dérangeants qui le fera poindre. L'exercice permettra à chacun de rester en contact avec lui-même afin de mieux garder le contrôle de sa vie. Après un certain temps, la lecture du tableau vous en apprendra un peu plus sur vous-même. Peut-être découvrirez-vous que vous manquez de périodes de détente, que vous avez peu de loisirs, que votre vie est devenue routinière, que le plaisir fait défaut dans votre vie. Peut-être réaliserez-vous qu'il est grand temps de mettre de l'ordre dans votre vie avant que ne surviennent les problèmes. Les activités secondaires font contrepoids au stress engendré par les activités principales. Les gens qui ont des loisirs qui augmentent la confiance et l'estime de soi sont moins vulnérables au stress.

À tout événement vous serez plus conscients de ce qui vous stresse, ou des problèmes qui vous tracassent. Rappelez-vous que la prise de conscience d'un problème est la première démarche vers sa résolution. Prendre soin de sa santé mentale avant que ne survienne la maladie nécessite la reconnaissance des éléments dérangeants de sa vie et des émotions négatives qui y sont rattachées.

Jean-Paul a quarante trois ans; il se sent morose depuis quelque temps. Il a mis ça sur le compte de la quarantaine. Il a complété, par curiosité, le tableau de ses activités quotidiennes en y annotant ses émotions générées pour chaque situation qu'il jugeait pertinente. Après un certain temps, il a réalisé qu'il n'avait pas de problèmes majeurs. À part une surcharge temporaire de travail et une vie de couple routinière qui manquait un peu de piquant, il a réalisé qu'il n'avait plus de loisirs ni d'activités physiques depuis qu'il s'était fait une entorse à une cheville qui l'avait immobilisé pendant quelques semaines. Il a mis de l'ordre dans ses activités principales tout en investissant davantage dans ses activités secondaires. Il a noté rapidement des changements positifs.

Simone travaille comme secrétaire dans une agence de publicité, elle est inquiète. Son tableau des activités de la vie quotidienne lui a permis de circonscrire son problème : elle a vu fondre ses responsabilités au travail au profit d'une jeune louve. Elle se sent menacée et croit qu'on veut l'évincer de son poste. Elle cherche des solutions.

Marcel est un homme d'affaires prospère. Il se sent toujours fatigué depuis quelques mois mais son état de santé est bon. Il a complété, lui aussi, le bilan de ses activités régulières. Il a vite réalisé qu'il était surmené, que son travail occupait toute sa vie. Malheureusement pour lui, il n'a pas corrigé la situation. Il a sombré dans une dépression.

Rechercher des solutions

Au départ, il faut admettre que les problèmes surgissent tout au long de notre vie, qu'ils sont souvent difficiles à reconnaître, que pour les solutionner on doit fournir des efforts. Chacun réagit différemment face au stress, certains sont plus résistants ou plus vulnérables que d'autres. Cependant, en vieillissant, la résistance diminue. Certaines situations anodines peuvent prendre des dimensions disproportionnées.

Face aux difficultés de la vie quotidienne, les gens réagissent à leur façon, suivant leur expérience, leur éducation et leurs états d'âme. Il y en a qui s'attribuent tous les torts et se sentent coupables de tout et de rien. Il y en a d'autres pour qui les situations sont toujours catastrophiques : C'est *la fin du monde*. Ils paniquent à la moindre occasion. Plusieurs sont incapables de trouver des solutions à leurs problèmes. Ils se sentent démunis face à l'adversité. Beaucoup réagiront de façon impulsive, stéréotypée ou automatique et réagissent vigoureusement à la moindre contrariété. Ce sont ce que j'appelle les émotivo-réactifs. Ils n'exercent aucun contrôle sur leurs émotions. Plusieurs chercheront la voie d'évitement comme seule source de résolution à leurs problèmes. Ces individus nient la présence de problèmes dans leur vie, ou ils l'attribuent à quelqu'un d'autre. Toutes ces personnes vivent des émotions désagréables qui finissent par ternir leur qualité de vie. Si la vie vous épargne ses problèmes et qu'il n'y a pas de nuage dans votre ciel bleu, profitez du bon temps, mais restez aux aguets. Des fois que le vent virerait de bord! Je vous invite donc à lire la suite, peut-être apprendrez-vous des trucs intéressants qui vous permettront de débusquer un problème insoupçonné avant qu'il ne survienne.

Alors, dès que vous aurez isolé et précisé un problème sur votre tableau, il vous faudra dresser une liste de toutes les solutions possibles à sa résolution. Plus les solutions seront nombreuses et variées, plus vous aurez de chances d'en trouver une satisfaisante et facilement applicable. On appelle ça du *brainstorming*. Il ne faut surtout pas censurer les résultats de cette recherche. La créativité n'a pas de limites.

Céline est écrasée par le surplus de travail que lui demande son nouveau patron, connu pour être très exigeant. Elle se sent de plus en plus fatiguée et irritable. Elle a perdu toute motivation au travail. Elle vit une « écoeurantite » aiguë. Voici les solutions qu'elle a notées : prendre un congé de maladie; demander à être affectée à un autre poste de travail; se plaindre au grand patron; faire un grief au syndicat; se traîner les pieds pour lui en faire baver; le critiquer ouvertement devant les autres afin de lui faire comprendre qu'elle n'est pas une esclave; ignorer son patron; ou encore, le rencontrer pour discuter de la situation.
Céline peut maintenant exploiter différentes avenues pour solutionner son problème. Peut-être tentera-t-elle finalement de s'adapter à une situation qu'elle ne peut changer. Elle connaît

bien son travail. Elle pourra chercher de nouvelles façons de s'en acquitter, d'être plus efficace.

Confrontation des solutions

Lorsque vous aurez complété votre recherche de solutions il vous faudra sélectionner celle que vous semble la plus utile. La démarche consiste à confronter chaque solution à la situation problématique que vous vivez et voir celle qui s'avère la plus efficace pour la résoudre. Voyons comment Céline s'est acquittée de cette tâche.

Prendre un congé de maladie est une voie d'évitement qui donnera des résultats temporaires : un peu moins de fatigue certes, mais ça ne changera rien à la situation. À son retour au travail, Céline sera aux prises avec le même problème. Chercher un autre poste est une voie ultime d'évitement. Céline aime son travail, elle en connaît toutes les facettes. Peut-être qu'un autre poste lui occasionnera plus de problèmes. Ce n'est certainement pas la meilleure solution qu'il faut envisager pour le moment. Il y a de fortes chances qu'une plainte au grand patron ne donne pas non plus les résultats escomptés, il a d'autres chats à fouetter. Passer par le syndicat pour régler ses problèmes n'est sûrement pas la première démarche qu'il faille privilégier. Quant aux réactions purement émotives d'intimidation, de paresse, de critique ou d'ignorance, elles n'ont pas de place dans la résolution des problèmes.

Le choix d'une solution.

Finalement, Céline a arrêté son choix sur une confrontation avec son patron : elle a décidé de le rencontrer pour lui faire part de ses récriminations. Elle n'a pas rejeté totalement l'idée de développer des mécanismes d'adaptation à sa nouvelle situation de travail, mais pour le moment, elle préfère tenter une approche cordiale avec le principal intéressé. Comme on peut le voir, la recherche d'une solution intéressante passe par le filtre de la raison et non par le filtre des émotions qui donnent trop de place aux réactions impulsives.

La mise en application de son premier choix.

Maintenant que sa décision est prise, Céline devra se préparer à cette importante rencontre. Elle devra trouver des arguments convaincants et non chercher dans l'agressivité une façon d'assouvir sa frustration. Elle connaît bien son travail, car elle seule peut produire une expertise complète de ses tâches. Elle peut donner toutes les informations pertinentes à son patron. Elle ne se contentera pas de faire une simple description de ses tâches, concrètement, elle saura les mettre en valeur, et par le fait même, souligner ses compétences. Qui sait, cet exercice lui permettra-t-il de découvrir une nouvelle méthode de travail? La routine empêche souvent l'individu de remettre en question sa façon de fonctionner. Et lorsque survient un changement, tout semble prendre des proportions démesurées. Forte de ses découvertes, Céline pourra faire des suggestions intéressantes à son patron. En général, les dirigeants apprécient les critiques constructives.

Avant la rencontre fatidique, quelques conseils judicieux d'amis ou de personnes compétentes lui donneront plus de confiance. Céline a réalisé tout au long de sa démarche qu'il n'y a pas qu'une seule façon de voir les choses.

La vérification des résultats.

La rencontre a eu lieu; tout s'est bien passé. Le patron a apprécié son intervention. Il a louangé les remarques positives de Céline. Céline est encouragée. Elle doit maintenant se fixer un rendez-vous avec elle-même pour vérifier si la solution retenue a donné les résultats escomptés. Il est nécessaire d'inscrire cette date à votre agenda : *rendez-vous avec moi pour vérifier les résultats de ma recherche de solution à mon problème.*

Après un certain temps, il sera important de prendre du recul pour faire une évaluation objective des résultats de toute démarche effectuée pour résoudre un problème. Le simple constat d'un changement n'est pas suffisant. Il faut se poser des questions précises : suis-je satisfait des résultats? Quels sont-ils? Sont-ils soutenus? Est-ce que je me sens mieux? Ma fatigue, mon irritabilité et ma démotivation ont-elles disparu? Si oui, bravo!

Ça a réussi. Il ne reste plus qu'à rester aux aguets et vérifier périodiquement s'il n'y a pas de relâchement.

Si les résultats ne sont pas satisfaisants, vous devez chercher ce qui n'a pas fonctionné et corriger le tir, le cas échéant. Sinon, vous devrez trouver une nouvelle solution afin de résoudre votre problème.

Exemple de gestion de problème moins évident

Imaginons un autre scénario : soit un couple dans la quarantaine qui va à la dérive, plus rien ne fonctionne. *Suzanne et Jacques se chicanent à propos de tout et de rien. Leur amour s'effrite lentement. Ils se sentent malheureux. Ils ont décidé d'y remédier.*

Reconnaître le problème

En comparant les résultats de leur recherche respective sur les difficultés de leur couple, ils n'ont pu identifier de problèmes particuliers. Toute leur vie de couple était problématique. Ils en ont conclu que leur communication faisait défaut. Ils n'arrivaient plus à s'entendre sur quoi que ce soit, même pas sur des sujets anodins. Chaque intervention se terminait en queue de poisson. Leur insatisfaction se traduisait par de la colère, de la bouderie et un sentiment de rejet.

Chercher des solutions

Chacun est retourné à sa table de travail pour faire ses devoirs. Pas question de se censurer. Il faut respecter les consignes. On note, sans restriction, toutes les solutions, les plus simples comme les plus loufoques. Suzanne et Jacques ont trouvé quelques solutions : se séparer, divorcer, s'éloigner l'un de l'autre pendant quelque temps, rester sur leurs positions, laisser faire le temps; *tout finit par s'arranger*, comme on dit; se montrer indifférent, bouder, recourir à un conseiller matrimonial, consulter le programme d'aide aux employés de la compagnie de Jacques, tenter de communiquer de façon différente, soit par écrit, aller au restaurant etc.

Confronter les solutions

Afin d'en arriver le plus rapidement possible à la résolution de leur problème, le couple a confronté toutes les solutions qui se présentaient à eux. Jacques et Suzanne ont réalisé qu'ils tenaient l'un à l'autre, qu'ils avaient un besoin pressant de retrouver l'harmonie.

Le choix d'une solution

Avant de consulter un spécialiste en relation matrimoniale, ils se sont entendus sur la nécessité de développer de nouveaux moyens de communication.

Mise en application du premier choix

Ils ont choisi de s'écrire sur les sujets habituels de mésentente. Ils ont convenu également d'un souper en tête-à-tête au restaurant, pour les discussions où ils risquaient de s'emporter. La bienséance les obligeant à ne pas hausser le ton dans un endroit public, donc de garder un certain contrôle de leurs émotions. L'échange sur des lectures traitant de troubles de communication a retenu également leur attention.

Vérification des résultats

Chacun a fait son propre examen de conscience avant de partager ses résultats avec l'autre. Jacques et Suzanne ont tous deux rapporté une certaine amélioration dans leur façon de communiquer, cependant, elle ne répondait pas suffisamment à leurs attentes respectives. Ils ont fait de nouvelles tentatives sans grands succès. Ils ont alors décidé de recourir à un conseiller spécialisé. Leur démarche initiale leur a permis de se connaître davantage et de faire front commun dans la résolution de leurs problèmes.

MODÈLE DE TRAVAIL SUR LA PERCEPTION DES ÉVÉNEMENTS

Nous avons vu comment reconnaître les situations difficiles et comment mettre en branle certains mécanismes de résolution avant qu'elles ne deviennent problématiques. Nous allons maintenant approfondir notre recherche de la gestion du stress par une approche de la perception. Je vous propose une mise en situation comme plan de travail : *un événement quelconque pourra, suivant la perception qu'en a l'individu, faire naître en lui des émotions désagréables qui peuvent le conduire à des réactions inopportunes.* Nous allons voir comment il est possible de bloquer cette séquence, en changeant sa façon de voir la réalité qui dérange.

Nous avons tous une façon bien personnelle de percevoir les événements et d'y réagir par la suite. On n'a qu'à observer les divergences d'opinions entourant la scène politique, culturelle, familiale, économique, sportive ou autre. Nous ressentons des émotions très différentes suivant notre vision des événements. Certaines émotions sont parfois difficiles à supporter. Elles maintiennent un niveau d'anxiété inconfortable.

Le même événement ne fait pas naître la même émotion chez tout le monde. Il n'y a qu'à voir comment les gens réagissent à la mort de quelqu'un : personne n'est affecté de la même façon. Quelqu'un de très près s'en attristera profondément alors qu'un autre se sentira totalement indifférent ou même heureux, suivant le cas. Tout dépend de la manière dont on perçoit les événements, la réalité. Observez la réaction des gens face à la maladie : certains en seront catastrophés, d'autres s'y adapteront plus facilement en jugeant qu'ils sont *moins pires que d'autres, que ça aurait pu être pire.* Il n'y a pas qu'une seule réaction. Gardez en mémoire cette cascade des événements, **situation-perception-émotion-réaction,** et voyons comment on peut intervenir sur elle.

Situation ou événement responsable d'une angoisse non négligeable

Tout individu est en interaction continuelle avec son environnement et les gens qui l'entourent. Certaines expériences traumatisantes le poussent à réagir. Imaginons une situation d'évitement qui fait place à un mode de vie adapté. *Georges a toujours eu peur de prendre l'ascenseur. À chaque fois qu'il doit le prendre, il éprouve une sensation d'étouffement, de panique.*

Il se sent mal, près de s'évanouir. Éviter de prendre l'ascenseur va le soulager temporairement, mais il restera toujours incapable de le prendre alors que de nombreuses situations le commandent. Les édifices poussent en hauteur. Il n'a pas d'autre choix que de se libérer de cette peur.

L'exposition progressive lui permettra de mieux s'adapter à cette situation gênante et diminuera sa peur incontrôlable des ascenseurs. Il s'agit d'une approche semblable à celle qu'on utilise dans le traitement de certaines allergies. On expose graduellement le malade aux substances auxquelles il est allergique. C'est le processus de désensibilisation. Le patient en vient, dans certains cas, à augmenter sa tolérance aux allergies et à améliorer, par le fait même, sa qualité de vie.

Lors de chaque exposition graduelle et répétée, Georges se sentira de moins en moins anxieux. Il prendra de plus en plus d'assurance, et réalisera jusqu'à quel point il peut arriver à contrôler ses peurs. Vous devez vous armer de patience car se désensibiliser exige beaucoup de temps et d'efforts. Il faut répéter souvent les exercices. Ce n'est que lorsque l'anxiété a diminué de façon substantielle qu'il est permis de passer à une étape plus difficile.

Examinons en détail le programme de désensibilisation de Georges : la première étape consiste à rôder autour des ascenseurs jusqu'à ce qu'il contrôle bien son anxiété. Il doit se répéter que les ascenseurs sont sécuritaires, qu'il y plein de monde qui les prend tous les jours et qu'il est capable de surmonter sa peur. À force de répéter l'exercice, Georges va finir par maîtriser cette épreuve et réaliser que son niveau d'anxiété a diminué. Dès qu'il aura atteint les résultats escomptés, et qu'il se sentira prêt à passer à une étape plus exigeante, il pourra envisager de rentrer dans un ascenseur pour en ressortir aussitôt. Il est préférable de choisir des périodes moins achalandées pour cet exercice afin de garder le contrôle de l'ascenseur. Georges se sentira anxieux une fois de plus, mais ses efforts seront récompensés, et son angoisse s'apaisera avec le temps. Dès que son anxiété sera suffisamment contrôlée, il pourra envisager de prendre l'ascenseur un étage à la fois, et ainsi de suite. Il pourra augmenter son apprentissage jusqu'à un contrôle de ses peurs satisfaisant. Programme exigeant certes, mais tellement valorisant pour celui qui veut se libérer de ses peurs.

Il y a beaucoup de situations d'évitement qui privent l'individu de ressources et de plaisirs, on n'a qu'à penser à la peur du métro, de l'avion, des espaces clos, de l'eau etc. Pourquoi ne pas en profiter pour dresser une liste des situations que vous avez tendance à éviter. Tentez la désensibilisation progressive. Si ça ne fonctionne pas, n'hésitez pas à recourir à de l'aide spécialisée dans votre démarche. Certains troubles anxieux nécessitent d'emblée le recours à une aide spécialisée pour une prise en charge ou la prescription de médicaments.

La perception

La perception, c'est la façon de voir les choses, l'impression que vous en avez. Suivant votre manière d'estimer un événement ou une situation, vous pourrez vous sentir heureux ou malheureux, triste ou inquiet, irritable ou colérique; peut-être serez-vous craintif ou méfiant. Il existe un lien étroit entre votre manière d'apprécier une situation et les émotions que vous ressentez. Combien de fois vous êtes-vous emporté dans des situations que vous avez cru fâcheuses alors qu'elles étaient tout à fait anodines... *à bien y repenser.*

Réfléchissez également à votre façon de percevoir les gens : crée-t-elle plus d'éloignement que de rapprochement avec eux? Si vous percevez votre employeur comme un profiteur, ou votre voisin comme un malotru, vous aurez tendance à être distant, méfiant ou condescendant. Qui sera le plus malheureux? Celui qui l'ignore ou celui qui fabule? Si vous voyez du mal partout, vous vivrez toujours dans la crainte des autres. Peut-être vous priverez-vous d'expériences agréables. Beaucoup de gens ont tendance à étiqueter sans discernement les personnes qu'elles côtoient et à les encadrer dans des stéréotypes rigides qui laissent peu de place à l'ouverture d'esprit et à l'entregent. Ce n'est pas parce que vous avez déjà été échaudé par quelqu'un d'importun que tout le monde est mauvais. Il ne faut pas généraliser. Plus votre façon d'aborder les gens et les situations délicates sera variée, meilleures seront vos chances de contrôler vos émotions.

Notre façon de penser et d'évaluer une situation ennuyeuse provient en grande partie de nos connaissances et de nos expériences face à elle. Votre peur de l'orage vous a été transmise en bas âge! Découvrez la beauté d'un jour de pluie et appréciez la symphonie des gris, les jours d'orage. Vous craindrez moins l'éclair et le tonnerre. Votre peur de l'eau vous empêche de jouir de ses plaisirs. Et bien demandez-vous si elle a encore sa raison d'être alors qu'apprendre à nager est devenu chose facile. Retracez son origine dans le temps et voyez comment elle n'est plus fondée aujourd'hui. Il faut s'affranchir des séquelles d'une éducation cloisonnée et bourrée d'interdits. L'acquisition de nouvelles connaissances peut vous libérer de mauvaises habitudes et de vieux démons qui perturbent votre existence.

Il ne faut pas hésiter à remettre en question sa façon de voir les choses. Elle ne répond peut-être plus à votre réalité. Vous avez grandi, vous avez vieilli. Tout a changé autour de vous. Il est peut-être grand temps de faire un peu de ménage.

Observez comment les gens qui ont une vision étroite et négative des événements vivent souvent des émotions tordues. Ceux qui accusent les autres de tous leurs malheurs nourrissent des frustrations qui les paralysent dans leur inertie. Ils préfèrent les excuses faciles à la confrontation de leurs idées avec la réalité. Ils ont sûrement oublié qu'*il y a toujours deux côtés à une médaille.*

La confrontation des idées avec la réalité

C'est l'étape idéale pour modifier la perception erronée d'un événement afin d'en atténuer les effets désagréables. Examinons dans le détail une situation qui illustre bien le concept de perception génératrice d'émotions déplaisantes. Imaginons une personne qui vit beaucoup d'angoisses face à une entrevue de pré-embauche. Dans les deux jours précédant la rencontre, elle éprouve de la difficulté à s'endormir. Elle a peur de rater sa chance et elle craint qu'on ne reconnaisse pas ses compétences. Elle arrive très inquiète à l'entrevue. Elle est convaincue qu'on a remarqué son malaise, qu'on s'est aperçu qu'elle n'avait pas confiance en elle. Elle anticipe le pire. L'entrevue terminée, elle conclut aussitôt à sa médiocrité.

On voit tout de suite que ses pensées irréalistes et négatives ont fait naître des émotions dévastatrices qui ont perturbé son fonctionnement durant l'entrevue. Pour éviter de revivre le même stress, cette personne devra confronter ses idées à la réalité et les remplacer par des réflexions plus adaptées. Elle devra donc percevoir la situation autrement afin de mieux se préparer à cette rencontre. Ses compétences ne font aucun doute : elle est diplômée et elle a acquis une certaine expérience de l'emploi postulé. Elle a autant de chances qu'une autre postulante. Elle a vécu dans le passé beaucoup plus de succès que d'échecs. Si elle n'a pas l'emploi, elle aura tout de même appris quelque chose qui lui sera utile la prochaine fois. C'est l'art de tirer profit d'une difficulté ou d'un échec. Il est fort probable qu'avec la restructuration de sa pensée, elle soit moins anxieuse à l'avenir. Ses émotions seront probablement plus appropriées. Elle pourra plus facilement en contrôler leur intensité.

Il s'agit d'un excellent exercice à mettre en pratique lors de situations difficiles. N'hésitez pas à mettre sur papier vos pensées irréalistes. Confrontez-les avec la réalité. Ne laissez pas votre imagination dominer votre esprit en vous laissant anticiper le pire. À force de répéter cet exercice vous réussirez à stopper les émotions désagréables qui vous conduisent à des comportements irréfléchis. Vos efforts seront garants de votre réussite.

Émotions et réactions

Les émotions négatives peuvent donner suite à des réactions inappropriées. Un individu qui n'a pas confiance en lui aura tendance à s'isoler, à vivre en retrait. Celui qui se sent menacé pourra devenir agressif. Les émotions désagréables mènent à des comportements inadaptés, erratiques, et parfois répréhensibles.

Les erreurs d'interprétation causent souvent des mésententes dans la communication. Il y a une personne qui émet de l'information et l'autre qui la reçoit. Si le message est mal décodé, toutes sortes d'émotions déplaisantes peuvent surgir et donner lieu à des conflits. Vous avez intérêt à valider auprès de l'interlocuteur votre compréhension de l'information avant de sauter aux conclusions hâtives.

Et si, dans le feu de l'action, vous sentez que vous perdez le contrôle de vos émotions, prenez le temps de respirer par le nez avant de réagir. Cette pause servira de paratonnerre à vos émotions fumantes. *Se tourner la langue sept fois avant de parler,* comme on dit, s'avère également un moyen efficace pour freiner la tempête.

Pour ceux et celles qui veulent parfaire leurs connaissances dans ce domaine, je vous réfère aux nombreux écrits de thérapie cognitivo-comportementale. Le blocage des pensées négatives et l'acquisition de comportements adaptés aux situations difficiles permettent d'atténuer les symptômes et de modifier les conduites répétitives et erratiques.

MODE DE VIE À RISQUE

Après avoir passé en revue différents modèles de gestion du stress, est-il possible de se prémunir contre certaines conditions anxiogènes qui évoluent insidieusement? Peut-on devenir moins vulnérable au stress? Y a-t-il des situations à risque? Des conditions gagnantes? Que peut-on faire pour améliorer son seuil de tolérance au stress et éviter l'accumulation de tension nerveuse à un niveau difficilement contrôlable?

Nous allons nous arrêter au rôle de l'individu dans la prévention de la maladie mentale et sa récidive. Tout le monde regorge de ressources personnelles qui adoucissent les écorchures de la vie quotidienne. Il faut sonder le puits de ses possibilités. L'intervention efficace sur un mode de vie erratique assure une stabilité face aux vicissitudes de l'existence.

Une vie avec ou... sans problèmes

Beaucoup de patients me consultent pour des symptômes qui s'apparentent à l'anxiété ou à la dépression sans qu'on puisse mettre en évidence d'éléments déclencheurs. Ils vivent une vie *sans problèmes,* et pourtant ils se sentent moroses. Certaines personnes croient que ça prend inévitablement un facteur précipitant comme une perte d'emploi, des problèmes financiers ou une rupture amoureuse pour signer un état anxieux ou dépressif. Ils ne réalisent pas que leur façon habituelle de vivre contribue à leur changement d'humeur.

L'équilibre rompu : le surmenage

Une journée normale doit répondre à une certaine forme d'*équilibre* soit : 8 heures de travail, 8 heures à soi et 8 heures de sommeil. Il s'agit ici d'une approximation. Tous ceux et celles qui dérogent régulièrement à cette règle de stabilité s'exposent à une maladie latente. Tout *surmenage* conduit inévitablement à une fatigue mentale que la nuit de sommeil n'arrive plus à corriger. La résistance au stress s'affaiblit graduellement et certains symptômes commencent à perturber la qualité de vie. La dépression met parfois plusieurs mois à se développer. C'est pourquoi il est important de réagir promptement aux premiers signes d'anxiété et de déprime avant que la maladie ne s'installe. Tous les *workaholic* et tous ceux qui ont une mauvaise gestion de leurs activités principales doivent prêter une attention particulière à leur mode de vie excessif s'ils ne veulent pas payer un jour le prix de leurs abus.

La routine

Le contraire est aussi vrai : une vie plate et routinière finit par créer beaucoup d'insatisfaction. Combien de couples vivent une *routine* dévastatrice qui nuit à leur épanouissement. La flamme s'éteint peu à peu et l'amour disparaît pour faire place à de l'indifférence ou à des tensions insurmontables.

Un seul champ d'activité, c'est pas suffisant

Ceux qui misent toute leur vie et leurs espoirs dans un seul champ d'activité risquent de sombrer dans la dépression lorsqu'ils en sont privés. L'absence de diversité dans les activités de la vie quotidienne crée un grand vide, lorsque ça explose, il ne reste plus rien. Un emploi perdu, une rupture amoureuse, un échec sportif ou scolaire et c'est la catastrophe. Tout s'écroule parce ces gens n'ont pas d'autres ressources car ils se sont investis exclusivement dans un seul secteur d'activité de leur vie. De plus, ils ont négligé d'en exploiter toutes ses possibilités. Agrandir son univers assure une plus grande stabilité et une meilleure protection contre les coups durs.

Pour aspirer à une prestation continue de travail, par exemple, l'expérience nous commande une plus grande polyvalence. Étant donné que la sécurité d'emploi semble de plus en plus compromise par les temps qui courent, pourquoi ne pas élargir son champ d'expertise par l'acquisition de nouvelles compétences? Stratégie intéressante pour consolider ses acquis et prévenir la débâcle. La dépendance amoureuse quant à elle débouche sur une souffrance démesurée lors d'une séparation ou d'un divorce. Il ne faut pas s'asphyxier par un amour excessif et possessif.

Le manque d'activités secondaires

Pour faire obstacle aux facteurs défavorables, il faut continuer de s'épanouir en marge et à l'intérieur de ses activités dominantes. Solution efficace pour augmenter l'estime de soi et la confiance en soi. Qualités essentielles pour s'assurer une plus grande autonomie. Les personnes qui éprouvent le plus grand désarroi sont celles qui négligent de prendre leur place dans la vie et qui laissent dormir leurs richesses personnelles. Des gens qui se retrouvent complètement dépouillés lorsqu'ils sont privés de leur seule raison d'être. Nous connaissons tous des parents qui se sont voués entièrement à leurs enfants et qui se sentent complètement dépourvus lorsqu'ils quittent le nid familial. Combien de travailleurs ne savent pas quoi faire lorsque sonne l'heure de la retraite.

Plus vous développerez des activités secondaires valorisantes, moins vous serez meurtri si vos activités principales de la vie quotidienne sont fortement perturbées. Prenez exemple sur la sagesse des investisseurs chevronnés qui parent les coups durs du marché boursier par des placements variés. Une vie diversifiée en garantit sa qualité. Apprendre à dire non, reconnaître et accepter ses *limites* assure, d'autre part, une certaine liberté face à la servitude.

La faute des autres

Certaines attitudes nuisibles génèrent de la tension nerveuse même si elles semblent apaiser temporairement les frustrations. Certaines personnes tiennent toujours les mêmes propos. Elles chialent à propos de tout et de rien. Les autres sont toujours responsables de leur malheur. Elles attribuent à l'État providence tous les problèmes sociaux et économiques de leur communauté. Elles reprochent toute intervention de l'employeur en milieu de travail. Elles ne ménagent pas non plus les professeurs lorsqu'il s'agit de l'éducation de leurs enfants. Par ailleurs, les responsabilités ne les étouffent pas. Elles ne se mettent jamais en cause et sont toujours **victimes** d'une malédiction quelconque. Leur vision étroite de la réalité les empêche d'améliorer leur sort. Elles n'arrivent plus à voir comment elles peuvent changer le cours de leur existence.

Des excuses toutes faites

Trop de gens se complaisent dans la passivité et la paresse. Elles connaissent par cœur le dictionnaire des excuses pour s'abstenir de jouer un rôle actif dans leur vie : *J'ai pas le temps; j'ai pas le goût; je ne suis pas capable.* Des réponses toutes faites qui se traduisent par: *Je ne veux pas prendre le temps; je ne veux pas m'intéresser; je ne veux pas essayer.* Des personnes qui tiennent toujours le même discours démodé et qui finissent par croire à leurs excuses. Elles en arrivent à se persuader qu'elles sont véritablement impuissantes. Ces gens perdent confiance en eux et se privent de plaisir.

Lorsque je demande à mes patients intéressés par le dessin et la peinture pourquoi ils ne s'y adonnent pas, plusieurs prétextent un manque de talent à leur hésitation. Ils ont pourtant tous expérimenté les formes et les couleurs. Pourquoi nourrissent-ils encore cette fausse croyance, 20, 30, ou 40 ans après? Que s'est-il passé? Peut-être n'ont-ils pas été suffisamment stimulés ou n'ont-ils pas eu de professeur qualifié pour leur enseigner les lois de la perspective et du raccourci. Peut-être n'ont-ils pas fourni les efforts nécessaires? Les techniques d'apprentissage se sont modernisées. Elles sont plus simples, plus faciles. Pourquoi ne pas essayer à nouveau et vous donner la chance de goûter ce plaisir. Vous n'avez rien à perdre et tout à gagner, leur dis-je. Et pour ceux qui persistent à croire que ça prend toujours du talent pour faire quoi que ce soit, pensez aux amputés de guerre qui peignent avec leur bouche ou leur pied... Une réflexion qui devrait en secouer plus d'un.

Les peurs incontrôlables

Entretenir des peurs de tout et de rien n'améliore pas la santé mentale. N'y a-t-il pas lieu de chercher à les apprivoiser? La peur d'être jugé par autrui ne représente-t-elle pas l'une des peurs les plus difficiles à surmonter? Ne vous prive-t-elle pas du plaisir d'agrandir votre réseau de communication et de connaître des gens intéressants qui, soit dit en passant, ont probablement aussi peur que vous d'être jugés. Dressez la liste de vos peurs et n'hésitez pas à les remettre en question, à les actualiser dans le contexte d'aujourd'hui. La peur des araignées, des couleuvres, du tonnerre, des éclairs, des avions... ne vous embarrasse-t-elle pas? Les connaissances nouvelles et les moyens de s'en débarrasser ne manquent pas.

Les préjugés

Profitez-en également pour vous attaquer à vos préjugés, vous savez, vos idées toutes faites d'avance que vous traînez depuis longtemps. Questionnez-vous sur la véracité des croyances qui vous ont été imposées par le milieu, l'époque ou l'éducation. Certaines allégations, valables autrefois, ne le sont peut-être plus aujourd'hui. Je vois encore des gens qui croient que la maladie leur tombe dessus comme une fatalité. Pourtant il ne fait plus aucun doute maintenant que de nombreuses maladies sont étroitement liées au mode de vie. Combien de personnes croient encore que l'argent fait le bonheur? Il faut vous libérer des automatismes qui nuisent à votre croissance.

Des jugements sans discernement

Et pourquoi pas de vos jugements trop hâtifs. Des jugements sans discernement sur toutes sortes d'événements en négligeant de les considérer complètement. Des réactions émotives sans contrôle. Il y a plusieurs façons d'évaluer une situation. Il ne faut pas écarter l'influence de la raison dans sa prise de position. Prenons exemple sur l'actualité judiciaire : notez comment certaines personnes sont expéditives dans leur appréciation des faits. Elles condamnent sans preuves, sur simple ouï-dire. Heureusement que la justice nous protège de ces abus par ses jugements nuancés. À force de tout stigmatiser par ignorance on risque d'escamoter une grande part de vérité.

Le cordon ombilical

Toujours en regard des conditions perdantes à éviter, il y a des gens pour qui la qualité de vie se greffe essentiellement sur tout ce qui se passe autour d'eux. Si ça va mal au travail, à la maison ou ailleurs, tout leur univers bascule. Ils sont paralysés par la moindre contrariété. Leur bien-être dépend exclusivement du monde extérieur. Ces gens n'ont souvent pas d'autre point d'ancrage dans leur vie. Le moindre soubresaut et tout s'effondre. Leurs émotions sont étroitement liées aux conditions barométriques de leur environnement. Ils s'en font pour tout et pour rien. Ils ballottent entre le plaisir et l'affliction à chaque secousse. Et comme la vie comporte une grande part de problèmes, ils sont plus souvent inquiets que rassurés. Pensez à la symbiose émotionnelle que vous entretenez avec vos proches. N'est-elle pas la source démesurée de vos changements d'humeurs?

Il y a aussi des gens dont l'intérêt pour certaines activités doit répondre à toutes sortes de conditions ou d'exigences. Ils ne sont jamais pleinement satisfaits de leur existence. Il y a toujours un *Si* ou un *Mais* pour limiter ou contrôler leurs actions : *S'il fait beau, s'il fait bon, si c'est pas assez ou si c'est trop*... Ils finissent par ne plus rien faire, tellement leurs exigences sont grandes. Face à une situation des plus attrayantes, il y aura toujours quelqu'un pour qui *ça dépend de*...

Le temps n'arrange pas les choses

Certains tenteront de se convaincre du contraire; c'est comme laisser retomber la poussière, elle est toujours là. Ça

soulage les symptômes mais le problème reste entier. On l'a vu, la voie de l'évitement n'apporte rien de bon dans la solution des problèmes.
Se refuser de voir la réalité en face ou s'inventer des histoires n'aide en rien la prise en charge de sa vie. Se fermer les yeux pour mieux se bercer d'illusions finit par perturber l'image qu'on a de soi-même et nuit à la possibilité de faire face adéquatement aux situations contraignantes. L'alcoolique qui veut s'en sortir doit d'abord reconnaître qu'il a un problème. Tout comme le nicotinomane qui veut cesser de fumer et l'obèse qui veut maigrir. Peut-être qu'avec un regard honnête la paresse remplacera-t-elle l'excuse de l'incapacité?

La consommation et le stress

Parmi les activités de la vie quotidienne la consommation représente certainement une source importante de stress. La publicité vous pousse constamment à acquérir toutes sortes de biens et services et vous amène à adopter les comportements qu'elle vous dicte. Elle crée des besoins et vous vend la réponse. On flatte votre ego en vous convainquant, sans trop de difficulté, que vous êtes *une personne importante et que vous méritez bien ça.* La séance d'hypnose se termine par des aubaines alléchantes que vous ne pouvez refuser. Finalement, on se montre empathique à votre condition financière en vous proposant un mode de financement adapté à votre situation. Pourquoi vous priver maintenant alors que vous pouvez payer plus tard! La boucle est bouclée. Vous voilà pris au piège : vous êtes maintenant propriétaire d'un truc quelconque farci de gadgets inutiles. Tant qu'à acheter pourquoi ne pas se procurer ce qu'il y a de mieux! À force de se faire endormir comme ça on finit par perdre le contrôle de ses actes.

L'envoûtement disparu, la réalité vous rattrape vite à la fin de chaque mois lorsque arrive le temps de vous acquitter de vos comptes. C'est là que survient le stress. Il vous faut travailler plus fort pour payer les factures qui s'accumulent, ou vous serrer la ceinture. Les petits plaisirs passent alors au collimateur. Parfois il ne reste même plus assez d'argent pour aller au cinéma et au resto, ou pour vous payer ce petit quelque chose qui saurait si bien agrémenter votre vie.

Afin d'exercer un contrôle vigilant sur votre pouvoir d'achat, prenez le temps de bien évaluer vos besoins et votre capacité de payer. Posez-vous des questions pertinentes sur le produit que vous voulez acquérir. Calculez le total de vos mensualités avant de vous embarquer dans une dépense supplémentaire. Prévoyez une marge de manœuvre dans votre budget pour les mauvaises surprises et les petites gâteries.

Questionnez-vous sur l'utilité du produit ou les options additionnelles qu'on vous offre. L'un de mes patients, marchand d'automobiles, me rapportait toutes sortes d'horreurs dans son domaine. Des consommateurs bien avisés qui cédaient aux sollicitations du vendeur pour des options sans importance. Demandez-vous s'il est nécessaire d'avoir une 6 cylindres bien équipée comme auto de ville. Avez-vous besoin d'un ordinateur sophistiqué pour l'usage que vous en faites? D'autant plus qu'un an après votre achat, votre modèle sera dépassé. L'un de mes amis, crac en informatique, m'a toujours recommandé de ne pas chausser trop grand. Que c'était une dépense inutile. Allez-vous prendre le temps de lire le manuel d'instruction du bidule que vous achetez? Et allez-vous en exploiter toutes les possibilités? Toutes sortes de questions qu'il faut se poser régulièrement. Rappelez-vous que ce ne sont pas les bâtons de golf dernier cri qui feront de vous un meilleur golfeur. Ne perdez pas contact avec la réalité. Ne cédez pas à la tentation. Contrôlez vos pulsions.

Je suis toujours estomaqué de voir l'argent qu'on dépense pour des machins superflus alors qu'on lésine sur le prix d'une bonne paire de chaussures ou d'un matelas confortable. N'y a-t-il pas là matière à réflexion dans la façon de consommer? Combien de gens préfèrent l'apparence au confort. Vos pauvres pieds vous supportent toute la journée et vous passez près de 8 heures au lit. Avez-vous les pieds endoloris après une journée de travail, ou le dos en compote après une nuit de sommeil? N'hésitez pas à remettre en question certains comportements erratiques.

Réfléchissez au pouvoir de la publicité : elle vous avale sans crier gare. Prenez conscience de vos besoins réels afin de ne pas être subjugué par elle. Restez maître de la situation. Informez-vous avant de prendre une décision. Mettez-vous à l'abri de la manipulation.

Attention à la publicité indirecte par la voix de vos enfants. Notez comment certains *fast-foods* se positionnent au pourtour des écoles pour mieux les attirer; ils se montrent attrayants pour eux. Tentez ensuite de résister à la supplication d'un enfant qui vous invite à passer au resto. Vous risquez de subir un chantage émotif des plus convaincants : *Tu ne m'aimes pas; nous autres on n'a jamais rien icitte; tous nos amis y vont...* Si les parents ne mettent pas un frein à leur élan, les jeunes revendiquent n'importe quoi sans discernement : ils veulent ce qu'il y a de mieux et tout de suite. Votre permissivité sans limites les privera de valeurs essentielles à une bonne éducation. Ils deviendront des consommateurs abusifs. Beaucoup de parents m'avouent être incapables de refuser quoi que ce soit à leurs enfants.

Il m'arrive parfois de voir en consultation de jeunes étudiants fatigués, obligés de travailler pour se payer une voiture, un ordinateur dernier cri ou des sorties dispendieuses. Ils sont anxieux, désabusés. Ils ne connaissent pas la valeur de l'argent; encore moins celle de l'économie. Ils s'enlisent dans la consommation excessive. L'avenir de ces jeunes s'annonce laborieux : quand un comportement est bien ancré, il est difficile de revenir en arrière pour se contenter de moins.

Je vois beaucoup de jeunes couples travailler sans relâche afin de se payer le luxe dont on les a habitués sans pour autant avoir les moyens financiers de se le permettre. Ce n'est pas parce que certains parents ont été privés qu'ils doivent obligatoirement faire basculer le pendule de l'autre côté, et donner à leurs jeunes tout ce qu'ils réclament. Il faut savoir dire NON, de temps à autre. Il faut enseigner aux jeunes que la véritable richesse se trouve davantage dans le cœur et entre les deux oreilles que dans le fond de sa poche.

Lorsqu'on regarde de plus près la publicité sur la mode, ces vêtements qui couvrent et qui découvrent, son influence sur l'image personnelle des jeunes et des moins jeunes est remarquable. Les modèles masculins arborent une musculature digne d'Apollon, tandis que les modèles féminins sont sculptés comme des déesses. Même s'ils représentent l'infime minorité des individus qui se promènent sur la rue, ils servent de référence pour la majorité. Les personnes qui ne répondent plus aux critères de beauté édictés par la publicité ont tendance à cacher peu à peu ce qui leur déplaît pour finir par tout camoufler. Ces gens vivent souvent dans l'isolement. Le marché des soins aux cheveux et des cosmétiques roule sur l'or.

Attention également à la publicité entourant vos activités de la vie quotidienne : pour être heureux, ou être un bon amant ou être je ne sais quoi, il faut répondre à certaines conditions. On vous informe subtilement que la réussite doit passer par la performance et qu'il n'y a pas de place pour les demi-mesures. Il faut être le meilleur. Des questionnaires soigneusement préparés vous mettent en situation. Et comme il y a toujours de la place à l'amélioration, vous voilà pris au piège. On vous propose ensuite toutes sortes de recettes miracle qui ne s'appliquent pas nécessairement à votre condition. Cette situation pourrait générer de l'anxiété si vous n'arriviez pas à vous conformer à toutes les exigences. Ne vous laissez pas impressionner. Identifiez vos besoins et cherchez à vous améliorer dans le cadre de vos limites personnelles. Il y a de la place au dépassement, certes, et une saine compétition peut devenir très stimulante. Mais ne cherchez pas à devenir ce qu'on voudrait que vous soyez.

Il s'agit d'un bref aperçu de quelques circonstances d'intérêt qui peuvent devenir problématiques si vous n'y prêtez pas une attention particulière.

COMMENT RÉAGIR PROMPTEMENT AUX SITUATIONS STRESSANTES

Après avoir fait le tour de certaines conditions et attitudes à risque de voir se développer une maladie, est-il possible de réagir promptement et efficacement aux agressions et pressions instantanées de la vie moderne? Souvenez-vous du modèle d'intervention sur une situation dérangeante afin d'éviter que les émotions ne déclenchent des réactions fâcheuses. Voyons maintenant comment on peut s'empêcher de *péter les plombs* à chaque contrariété.

Les interventions du moment

Les relations humaines ne sont pas toujours harmonieuses. Que ce soit au travail ou à la maison, il y a parfois des échanges mordants. L'émetteur dit quelque chose qui est décodé par le récepteur. Si le message est mal reçu, il s'ensuit des émotions désagréables qui génèrent des attitudes ou des comportements négatifs. Qui n'a pas vécu dans ses rapports avec les autres des propos ou des situations déplaisantes qui vous mettent hors de vous?

Quelques modes d'intervention immédiate donnent des résultats intéressants : faire préciser la pensée de son interlocuteur offre l'avantage de s'abstenir de mal interpréter ses propos. La respiration abdominale et se *tourner la langue sept fois avant de parler* favorisent le passage de l'émotion désagréable comme à travers un paratonnerre. Excellente façon de prévenir l'escalade des émotions qui mène souvent à des altercations regrettables.

Entraînez-vous régulièrement à laisser passer vos émotions lors de situations contraignantes : que ce soit en auto, lors d'un embouteillage, ou dans la file d'attente d'un grand magasin. Il faut apprendre à *respirer par le nez* comme le répètent souvent les ados. Il ne s'agit pas d'une réaction d'évitement, mais bien du contrôle des émotions qui siphonnent beaucoup d'énergie.

Il existe sur le marché toutes sortes de gadgets qui facilitent l'évacuation des tensions du moment. Je recommande la petite balle de caoutchouc qu'on presse à volonté dans le creux de sa main. Tout en augmentant sa force de préhension, elle permet de détourner l'attention de ses préoccupations. Essayez-la! Au lieu de vous emporter et de tout bousculer sur votre passage, laissez la petite boule de caoutchouc absorber une bonne partie de vos frustrations. Ces petits trucs donnent des résultats instantanés.

Les interventions après coup

Lorsque les tensions s'accumulent au cours de la journée et que la fatigue s'empare de vous, certaines activités avantagent la détente. Les sportifs savent que l'endorphine, sécrétée par le cerveau lors d'un exercice, apaise considérablement leur tension nerveuse. Beaucoup d'industriels et d'hommes d'affaires aux prises avec de grosses responsabilités commencent leur journée sur le tapis roulant ou la bicyclette stationnaire. Pour ne pas rester branché sur l'adrénaline, pourquoi ne pas s'injecter une petite dose de dopamine, cette hormone du plaisir et de la satisfaction qu'on retrouve dans la pratique des loisirs gratifiants, ou d'activités récréatives, comme une sortie entre amis ou une entrée au cinéma. Il faut trouver refuge dans des activités agréables pour retrouver le calme.

Et pour les pensées envahissantes...

Si une pensée négative capte votre attention au point de vous paralyser, *zappez* vers un autre canal. Fixez votre esprit sur quelque chose de plaisant ou engagez-vous dans une activité prenante. Ne laissez pas vos ennuis vous suivre partout et perturber votre existence. Ils finiront par vous envahir complètement et vous rendre malheureux. Combien de gens s'inquiètent de tout et de rien ou sont constamment distraits par toutes sortes de soucis. Le cerveau n'arrête jamais de fonctionner. Parlez-en à ceux qui souffrent d'insomnie. Ne laissez pas vos obsessions gâcher votre vie. Faites quelque chose qui vous divertisse lorsque de gros nuages gris menacent votre quiétude. Comme me répétait souvent ma mère quand j'étais jeune : *Va jouer dehors ça va te changer les idées.*

Je recommande à mes patients déprimés de ne pas rester inactifs, même si c'est difficile. Plusieurs se disent trop fatigués, d'autres se plaignent de ne pas avoir le goût d'entreprendre quoi que ce soit. Et pourtant tous les efforts déployés pour déloger les pensées démoniaques améliorent la santé mentale. On n'est pas responsable de l'émotion qui surgit de nulle part. Par ailleurs, on

sur votre croissance personnelle plutôt que de pratiquer du voyeurisme sur tout ce qui vous excite. Il est remarquable de voir comment les gens veulent en apprendre davantage sur les autres que sur eux-mêmes. On n'a qu'à constater les cotes d'écoute des téléromans. On scrute à la loupe tout ce qui se passe dans la cuisine ou la chambre à coucher. On accompagne ses personnages préférés dans ses joies, ses problèmes et ses faiblesses. Finalement, on s'émeut devant l'image miroir de ses propres malheurs. Les émissions de téléréalité sont de véritables laboratoires où s'exécutent quelques élus dans toutes sortes de situations. Si chacun s'accordait le même temps d'antenne pour s'étudier avec le même enthousiasme, il ne tarderait pas à s'enrichir de ses découvertes. Ne soyez pas passif, arrosez plutôt votre jardin.

La découverte de soi

Tout commence par une bonne introspection, un regard neuf sur soi. Aiguisez vos crayons. Faites l'inventaire de vos habitudes de vie et de vos richesses personnelles. Portez une attention particulière à vos loisirs, cette partie de votre vie qui vous appartient et dont vous pouvez disposer à votre guise. Si vous avez réparti votre temps de façon équilibrée, vous devriez bénéficier de 6 à 8 heures par jour pour en jouir. Vous allez me rétorquer que le temps passé entre le travail et la maison ne vous appartient pas vraiment, que c'est du temps perdu. Plusieurs vous objecteront qu'ils en profitent pleinement pour relaxer, soit en lisant un bon livre dans le métro ou encore en écoutant leur musique préférée en auto. Convertir une routine inévitable en période de décompression, voilà une façon intéressante de s'en acquitter. Il existe deux formes de détente :

La détente proactive fait référence à une activité valorisante à laquelle l'individu participe entièrement. Il ne tient pas le rôle de spectateur. Il s'engage dans une action concrète. Avez-vous noté vos passe-temps favoris? En voici une liste sommaire : le dessin, la peinture, la musique, la danse, le théâtre, les cours de cuisine ou de langue, les cours de photographie ou d'horticulture... Soit dit en passant, il y a des cours sur toutes sortes de sujets d'intérêt pour ceux qui veulent s'enrichir. Fouillez dans les revues et les journaux, à la découverte de hobbys passionnants. Naviguez sur Internet.

Le conditionnement physique fait partie des activités récréatives. Quel sport pratiquez-vous? Le faites-vous seul ou en groupe? Combien de temps y consacrez-vous chaque fois? Combien de jours par semaine? S'agit-il d'activités saisonnières ou permanentes?

La détente passive fait appel à vos qualités de spectateur, d'observateur attentif. Vous assistez à un événement sans y être mêlé. Notez le nombre d'heures passées devant la télévision, les postes que vous syntonisez le plus fréquemment ainsi que vos émissions et films vidéo préférés. Faites la même chose pour vos émissions de radio et calculez le temps consacré à *surfer* sur Internet. Soyez honnête, ne falsifiez pas les chiffres. Faites également le décompte du temps alloué à vos lectures. S'agit-il de romans, de journaux ou de revues? N'oubliez pas de parler de votre musique préférée. Les divertissements comme le cinéma, les concerts, les spectacles, les visites aux musées et les expositions, font partie du domaine de la détente passive même s'ils impliquent des déplacements.

Lorsque votre tableau sera complété, donnez une cote de satisfaction à chacune de vos activités; 0 étant la moins satisfaisante alors que 10 représente la plus intéressante. Prenez ensuite le temps d'évaluer l'ensemble de vos loisirs. En avez-vous suffisamment? Sont-ils actifs ou passifs? En êtes-vous satisfait? N'y a-t-il pas de place à l'amélioration?

La liste des activités doit tenir compte des réalités de chacun. Les personnes âgées et les malades n'auront pas le même éventail de distractions.

Si on compare entre elles ces formes de délassement, on peut dire que la détente passive abaisse temporairement le niveau de stress, elle apaise l'angoissé. Le bénéfice est immédiat et de courte durée. Pour ce qui est de la détente proactive, elle donne de meilleurs résultats à long terme. Elle contribue davantage à l'amélioration générale du bien-être de l'individu. Elle favorise le développent de la créativité, de la confiance et de l'estime de soi. Quant à celui qui fait du conditionnement physique, il améliore sa santé tout en augmentant sa performance. Pourquoi ne pas associer détente et réalisation de soi?

Faire le tour de son univers

C'est faire le tour de son jardin afin d'identifier tout ce qui pousse bien. La mauvaise herbe fait déjà l'objet d'une étroite surveillance. Notez dans le travail ce qui vous rend heureux et vous valorise. Il faut pousser la réflexion au-delà de votre chèque de paie. La famille et le couple présentent des avantages indéniables. Vous en connaissez plusieurs, j'en suis sûr. Trouvez-en d'autres, ça vaut la peine. C'est peut-être la partie la plus fertile de votre terroir. Dressez la liste de vos bons amis, pas ceux qui vous gâtent l'existence avec leurs éternels problèmes. Notez tout ce qui vous allume en leur présence. Passez ainsi en revue toutes vos activités principales de la vie quotidienne. Rappelez-vous que vous n'en êtes pas à l'identification de vos soucis. Vous l'avez déjà fait plus haut. Recherchez plutôt des refuges agréables pour contrer votre tension nerveuse.

Rêves, passions et projets

On a tous des rêves, de grandes passions et de beaux projets. Je fais référence à des vœux réalisables. Pas aux belles promesses de la loterie. Dressez la liste de ceux que vous avez concrétisés, en partie ou en totalité, et soulignez ceux que vous voulez voir se matérialiser.

Disposez maintenant tous ces tableaux bien en vue, devant vous. Ils font étalage de vos richesses personnelles et de vos ressources actuelles pour vous garantir une certaine sécurité et une aisance en cas d'adversités de la vie quotidienne. C'est votre compte en banque, votre plan d'assurance santé mentale. En êtes-vous satisfait? Répond-il à vos besoins? Voulez-vous l'enrichir davantage, diversifier vos placements? C'est le temps de vous poser ces questions et de réfléchir à votre avenir. Beaucoup de gens accusent des lacunes dans ce domaine.

Questions et réflexions

Quelle démarche comptez-vous entreprendre pour entretenir et améliorer votre bien-être psychologique? Procédez-vous régulièrement à des vérifications de votre santé mentale comme vous le faites périodiquement pour votre auto? Faites-vous les ajustements qui s'imposent?

Avez-vous fait progresser votre qualité de vie depuis un mois, un an? Vous impliquez-vous autant pour vous-même que vous le faites pour des proches dans le besoin? Êtes-vous passif ou actif? Tout commence par vous, ne l'oubliez pas. Vous êtes le noyau de votre univers. Je constate souvent que les patients qui ont moins de portes de sortie sont plus à risque de devenir anxieux ou déprimés. Ajoutez des cordes à votre arc. Meublez votre vie personnelle d'activités enrichissantes et valorisantes. Vous serez bien armé pour faire face au stress.

La vie change et vous aussi. Prenez soin de vous adapter aux soubresauts de la vie que vous ne pouvez changer, sinon vous serez vite dépassé par les événements et totalement dépourvu devant une situation imprévue et soudaine. Le développement de vos richesses personnelles s'avère une bonne façon de prévenir la maladie mentale ou sa récidive.

Même si votre liste vous semble complète ou que vous croyez être en parfaite harmonie avec tout ce qui vous entoure, il y a sûrement quelque chose à améliorer. Faites un petit effort, vous en serez récompensé. Pour ceux dont le tableau est vraiment incomplet, ne vous découragez pas pour autant. Il n'est jamais trop tard pour commencer. L'investissement rapporte rapidement des dividendes.

Comment peut-on améliorer ses richesses personnelles?

Un peu de créativité

Pour être créatif, il faut penser autrement, voir autrement et agir autrement. Plus l'esprit est envahi de pensées positives et plus les sens sont réceptifs à des signaux agréables, moins il y a de place pour les inquiétudes. Les pensées sont polarisées sur le bien-être. Elles refoulent les pensées négatives qui s'insurgent et menacent la tranquillité.

Des loisirs passifs conjugués à des activités constructives variées favorisent une saine quiétude. *J'ai pas le temps d'être anxieuse ou déprimée*, me disait une patiente, *j'ai trop de belles choses à faire. Je ne laisse pas de place à mes ennuis quotidiens.* Quand une préoccupation se pointe, elle trouve refuge dans des activités intéressantes et diversifiées. Elle ne veut en aucun cas sacrifier sa sérénité. Inutile de dire qu'elle est bien armée pour faire face aux tracas de la vie quotidienne. Il y a deux côtés à une médaille, ma patiente a choisi le côté positif de la vie et elle l'a développé.

Un peu de changement dans votre vie vous permettra d'agrandir votre univers. De nouvelles connaissances et des expériences enrichissantes alimenteront votre bien-être. On a souvent tendance à agir à travers des balises serrées pour ne pas dire étroites. Il est important d'élargir ses horizons pour ne pas rester cloîtré dans des modes de pensée et d'action rigides et inadaptés.

Dans la recherche de solutions aux problèmes, vous vous souvenez qu'il fallait souvent changer sa perception des événements pour mieux s'adapter aux situations déplaisantes. Vous deviez penser et agir autrement. Cet exercice donne également de bons résultats dans l'amélioration générale de votre condition de vie. Gonflez votre curriculum vitae d'activités enrichissantes qui vous assurent une place de choix dans le monde de la récréation.

La détente passive, rappelons-le, soulage temporairement les tensions, tandis que la détente active augmente l'estime et la confiance en soi, une assurance long terme contre le stress. Imaginons une personne qui vit certaines difficultés au travail. De bons moments de relaxation atténueront ses tensions nerveuses. Mais si les tracas persistent et qu'elle n'ait pas trouvé de solutions à ses problèmes, il est fort probable que ses loisirs passifs ne suffiront plus à la délasser. Avec le temps, sa qualité de vie en souffrira. Par ailleurs les activités qui augmentent la confiance et l'estime de soi garantissent une meilleure protection contre les vicissitudes de la vie quotidienne. Les gens qui recherchent des façons divertissantes et valorisantes de satisfaire leurs besoins se rendent moins vulnérables au stress.

Voyons comment on peut adapter la détente à ses besoins.

Adapter la détente à ses besoins

Nous allons voir comment exploiter certaines activités pour en tirer profit et nous enrichir de nouvelles expériences.

La musique exerce sur chacun d'entre nous des effets non négligeables sur nos humeurs. Pour s'être branchés régulièrement sur la radio, nous avons tous vécu différentes émotions : certaines musiques nous agressent, d'autres nous détendent ou nous stimulent, et d'autres encore nous rendent nostalgiques ou romantiques. La musique est omniprésente dans notre vie; on la retrouve dans la nature avec le bruissement des feuilles, l'eau qui coule et le chant des oiseaux. Découvrez les subtilités de la musique Nouvel Âge. La cacophonie des bruits de la ville ne nous laisse pas indifférents. La trame musicale du cinéma nous plonge dans la joie comme dans la frayeur. Qui n'a pas tapé du pied ou tapoté de la main ou s'est mis à danser sous l'effet de musiques tropicales ou de rythmes endiablés. On dit que la musique adoucit les mœurs. Elle est tellement importante dans nos vies qu'on s'en sert maintenant à des fins thérapeutiques. Beaucoup d'études se font en musicothérapie.

Pourquoi ne pas enregistrer votre musique préférée au lieu de vous assujettir au répertoire varié des stations de radio. Construisez-vous une discothèque qui répondra à vos états d'âme. Vous avez besoin de relaxation, choisissez l'enregistrement qui vous convient. Vous avez une humeur massacrante, un peu de musique entraînante vous secouera. Agrandissez votre univers musical; faites de nouvelles découvertes. Goûtez de nouveaux plaisirs. Faites vibrer vos tympans au diapason de vos émotions.

La vidéo offre la possibilité d'enregistrer ses émissions de télévision favorites afin de les visionner le temps voulu. Rien de plus fastidieux que d'être dépendant de la grille horaire. Beaucoup de gens organisent leur soirée en fonction de la programmation offerte. Les téléromans et les téléséries paralysent des centaines de milliers de téléspectateurs tous les soirs. Faut surtout pas déranger. Heureusement que les commerciaux permettent quelques moments de conversation.

Il fut un temps où certaines émissions d'intérêt rassemblaient toute la famille autour du petit écran. Avec l'accès facile à de nouveaux réseaux, on a vu augmenter le nombre de téléviseurs à la maison. Chacun a son propre appareil : monsieur écoute son hockey tandis que madame suit ses quiz favoris. On s'isole davantage. Quelle perte de temps pour les accrocs de la télé. Comment peut-on arriver à se détendre devant un appareil qui reflète les tracas de la vie moderne? N'en avez-vous pas assez de ressasser les mêmes problèmes? Il n'y a rien d'enrichissant là-dedans. Il y a d'autres moyens plus efficaces de relaxer.

N'avez-vous pas le goût de consacrer plus de temps à une détente valorisante, à une sortie entre amis ou tout simplement pour communiquer avec vos proches. Décrochez de la télé. Pour les gens qui *n'ont jamais le temps*, voilà une excellente façon d'en récupérer. Donnez le bon exemple à vos enfants. Transmettez-leur de bonnes habitudes. Gardez le contrôle de votre vie. La télévision ne doit pas être une priorité. Elle doit servir vos intérêts. Recherchez des émissions enrichissantes et divertissantes. Sortez de la routine. Avec le vidéo, il est facile de mettre en mémoire les émissions qui vous plaisent et que vous voudrez visionner plus tard. Recherchez dans la télévision une détente adaptée à vos besoins. Découvrez des moyens créatifs de relaxer.

La lecture est certainement l'une des activités les plus prisées. Les gens lisent partout, en autobus, dans le métro, à la maison ou en vacances. Il y en a pour tous les goûts. Les librairies se multiplient et les bibliothèques comptent de plus en plus d'adeptes. Les romans policiers et les romans d'amour obtiennent la faveur populaire. Pourquoi ne pas élargir le champ de vos connaissances et vous cultiver davantage. Il y a tellement de chemins nouveaux à découvrir. Se gaver d'émotions ne doit pas, encore une fois, représenter la seule façon de vous détendre.

Intéressez-vous à d'autres lectures. Vous avez un problème d'estime ou de confiance en vous, parlez-en à votre libraire ou à votre bibliothécaire, il saura vous conseiller. Vous avez des problèmes de relations de travail avec un confrère, on pourra vous suggérer un bon livre là-dessus. Vous voulez en apprendre sur les étoiles, la mer, les volcans, les fleurs ou sur vous-même, tout est là, à votre portée. Vous aurez la possibilité de grandir tout en savourant une lecture agréable.

Examinez à nouveau votre tableau, et voyez comment vous pouvez l'améliorer. Plus vous aurez de cordes à votre arc, mieux vous serez armé pour contrer l'adversité. Plus vous donnerez d'espace à vos pensées positives et à vos activités énergisantes moins il en restera pour vos préoccupations. Et plus vous augmenterez vos connaissances, meilleur sera votre jugement quand viendra le temps de prendre une décision. Il sera plus éclairé. La plupart des gens ont plus tendance à critiquer qu'à s'informer.

Il ne faut pas vous limiter dans votre façon d'aborder la vie. La résistance au changement conduit à l'immobilisme et à la rigidité. Multipliez vos points de repère. Prenez de l'expansion. Le chemin à parcourir vous paraîtra moins difficile. Mon grand-père et mon père *étaient comme ça... ils faisaient ça comme ça*! Une seule référence est une façon bien étroite de grandir dans le temps. N'agissez pas par automatisme, sans réfléchir. Les comportements stéréotypés peuvent vous priver d'expériences enrichissantes. Grandissez! Distinguez-vous des autres!

Imaginez-vous faire l'usage d'un ordinateur personnel puissant avec un minimum de connaissances. Vous risquez de vous limiter considérablement en vous privant de ses nombreuses possibilités. Et il est probable qu'à la première difficulté, vous abandonniez tout simplement son utilisation. La vie s'ouvre devant vous. Découvrez ses richesses et exploitez-les au maximum. Vous en serez plus heureux. Et quand vous aurez à résoudre un problème, peut-être aurez-vous plus de solutions pour le régler.

L'écriture fait partie des moyens que j'utilise pour échapper au stress. Je vous suggère de commencer par transcrire quelques proverbes ou quelques idées intéressantes sur lesquelles vous voulez méditer. Faites-vous un journal personnel. Je suis sûr que votre vie regorge d'anecdotes savoureuses et d'expériences enrichissantes. Vous avez plein de choses à raconter. Écrivez-les à un correspondant virtuel. Imaginez toutes sortes d'histoires. Laissez-vous transporter par votre imagination. Découvrez-vous un talent de journaliste, de romancier ou de professeur... Rédigez vos mémoires. Et si le cœur vous en dit, inscrivez-vous à un atelier d'écriture pour parfaire vos connaissances. Visez la détente : l'écriture doit rester un moyen de relaxation et non une fin en soi.

Je recommande fréquemment l'écriture à mes patients angoissés et dépressifs comme outil de gestion du stress. Je les enjoins à exprimer leurs émotions agréables et désagréables concernant leur travail et leur vie personnelle. Il ne s'agit pas d'un concours littéraire. L'exercice consiste plutôt à écrire tout ce qui leur vient à l'esprit sans se soucier de l'orthographe et de la ponctuation; ils ne doivent pas se censurer. Les émotions surgissent de nulle part; seuls les actes impliquent une responsabilité. Quelques phrases suffisent, il n'est pas nécessaire d'écrire un roman. Cependant, il est important d'écrire régulièrement.

Cette gymnastique de l'esprit oblige mes patients à prendre conscience de leur vécu. Plusieurs font des découvertes intéressantes sur eux-mêmes et sur leur environnement. Certains éprouvent des difficultés à décrire leurs humeurs. Ils doivent *chercher leurs mots.* Mais avec un peu de persévérance, ils en arrivent à écrire l'album souvenir de leurs émotions. Ce travail sur soi laisse des traces dans le temps. Il donne une foule de renseignements sur l'évolution de ses émotions et de ses comportements. Qui n'a pas rêvé d'un grenier pour y entreposer ses souvenirs? Pourquoi ne pas écrire votre biographie émotive et sentimentale.

Apprendre le dessin et la peinture. Depuis plusieurs années, la semaine de travail a diminué pour laisser une plus grande place aux loisirs. Des cours de toutes sortes ont fait leur apparition pour répondre aux besoins grandissants d'une détente active. Il n'y a pas un secteur de l'activité humaine qui ne soit exploité. Vous voulez apprendre la gastronomie, la culture des orchidées, comment faire votre vin ou monter un aquarium de poissons tropicaux, consultez les journaux ou lancez un message sur Internet, vous aurez une réponse à vos ambitions. Vous projetez de construire des meubles; vous voulez apprendre la sculpture; rêvez d'écrire un roman, apprendre l'espagnol ou faire du théâtre. Il y a aussi des cours qui répondront à vos attentes. Il n'y a qu'à chercher l'information qui vous conduira au cours de votre choix. Beaucoup d'organismes publics et privés ont été mis à contribution pour permettre à tous et chacun d'accéder à des loisirs récréatifs et éducatifs.

Les cours de dessin et de peinture attirent de plus en plus de passionnés qui veulent développer leur créativité. Beaucoup de gens adoptent ce loisir peu exigeant physiquement. Les amateurs peuvent y évoluer à leur rythme jusqu'à la fin de leurs jours en autant que les mains et les yeux continuent de répondre à l'appel. Les progrès enregistrés augmentent la confiance et l'estime de soi. Les intéressés découvrent dans le calme et la détente une autre façon de voir les choses. Nos yeux nous permettent de reconnaître tout ce qui nous est familier; ils facilitent notre orientation dans l'espace et notre relation avec notre environnement. Pourquoi ne pas les utiliser également pour découvrir les lignes et la forme des choses, les jeux d'ombre et de lumière ainsi que les harmonies de couleurs. Cette façon d'apprendre à voir autrement peut aussi se traduire par une nouvelle manière de voir la vie et ses problèmes. Excellent moyen de se protéger du stress. S'ouvrir à de nouveaux horizons enrichit toute la personne.

Malheureusement, plusieurs abandonnent faute de patience et de persévérance, deux qualités essentielles à la réalisation de toute activité humaine. Il faut s'encourager des résultats obtenus et apprendre de ses erreurs. Les objectifs trop élevés ou trop pressants mènent au découragement. Goûtez seulement le plaisir de passer des moments agréables en bonne compagnie et réjouissez-vous d'apprendre quelque chose de palpitant. Se priver d'une activité enrichissante à la première difficulté affaiblit la détermination. L'estime et la confiance en soi se bâtiront à partir de vos réalisations. Bien sûr, les encouragements font du bien, mais l'appréciation des autres ne doit pas justifier votre intérêt.

Cette réflexion sur le dessin et la peinture trouve son application dans toute forme d'activité gratifiante de la vie quotidienne. Cela suppose une évaluation sérieuse des goûts, des objectifs recherchés, des bénéfices escomptés et des efforts à fournir. La mise en situation de ces projets doit tenir compte de l'émotion et de la raison. Beaucoup de gens s'emballent pour un tas de choses. Mais l'émotion passée, l'enthousiasme s'éteint comme un feu de paille. Ils se privent souvent d'un bien-être captivant. Donnez-vous la chance de découvrir toutes les richesses qui dorment en vous. Tirez-en avantage. Mettez-les à profit pour votre plaisir seulement. N'êtes-vous pas tanné de donner sans compter? Faites-vous du bien. Travaillez pour vous. **La sélection des amis** est importante. Choisissez-les pour ce qu'ils peuvent vous apporter. Il faut vous enrichir auprès d'eux. L'écoute active et les conseils judicieux d'un ami peuvent vous aider en période difficile. Débarrassez-vous des emmerdeurs, des profiteurs et des manipulateurs qui drainent toute votre énergie avec leurs éternels problèmes. Côtoyez les vrais acteurs de la vie moderne, des gens qui savent en tirer le meilleur parti. Dressez la liste de vos connaissances et de vos amis et inscrivez une cote de satisfaction pour chacun d'eux. Améliorez vos relations avec votre entourage.

Foncez, n'ayez pas peur de parler à vos semblables. Tout ce que vous risquez, c'est un refus, ne le prenez surtout pas pour un rejet. Et si vous craignez leur jugement, pensez alors aux évaluations que vous faites vous-même des gens qui vous entourent. Sachez qu'ils ne vous accordent pas plus d'importance que vous ne leur en accordez. Débarrassez-vous de ces idées absurdes.

Je me rappelle les résolutions du Nouvel An d'un de mes patients : il avait décidé d'aborder une personne différente toutes les semaines. Il a fait de brèves rencontres très intéressantes. Il a pu accoster certains étrangers dans des situations qui se prêtaient bien à l'échange. Au lieu de ruminer son impatience, à la ligne d'attente d'un guichet, à la banque ou dans la salle d'attente d'une clinique médicale… il a fait la conversation avec des gens fort agréables. Il a vite réalisé que beaucoup d'entre eux voulaient partager leur savoir. Imaginez les résultats si tout le monde manifestait la même intention. Il n'y aurait plus personne pour se cacher derrière son ordinateur afin de communiquer avec ses semblables. *Chatter* perdrait tout son intérêt. Il n'y a rien de mieux qu'un contact direct pour prendre confiance en soi et s'instruire de ses semblables.

Autant votre entourage peut vous apporter beaucoup en période difficile, autant vous pouvez le faire pour lui. Si vous constatez chez vos amis des comportements inhabituels, n'hésitez pas à intervenir. Ne vous cachez pas derrière les prétextes habituels : *Ce n'est pas de mes affaires;* ou encore *J'ai assez de problèmes, sans être obligé de m'occuper de ceux des autres*; c'est une erreur. Les gens qui ont des soucis sont souvent désemparés. Ils ne savent pas quoi faire. Les émotions les empêchent parfois de voir la réalité. Ils perdent le contrôle de leur vie. Prenez votre courage à deux mains et aidez-les comme vous souhaiteriez qu'ils le fassent pour vous dans une telle situation.

Faites du bien autour de vous. Quand j'étais scout, on nous demandait de faire une B.A. tous les jours auprès d'une personne quelconque. Il s'agissait de bénévolat. Certaines personnes s'empressent davantage à rendre service à des étrangers dans le besoin alors qu'autour d'eux se dessinent parfois des drames évitables. N'attendez pas une catastrophe pour agir. *J'aurais dû* arrive toujours trop tard. Il faut intervenir auprès de ses proches avant qu'un problème ne devienne sérieux ou que la maladie ne s'installe. Offrez-leur du support, encouragez-les à consulter et surtout ne les abandonnez pas. Rattachez-vous à des valeurs essentielles; laissez tomber le superficiel pour des relations chaleureuses et sincères. Tous les patients anxieux ou déprimés qui bénéficient de l'empathie de leur entourage s'en sortent plus facilement.

Il ne s'agit pas de vous imposer. Une remarque bien placée dans des circonstances idéales peut faire toute la différence. La réceptivité de la personne intéressée peut vous en apprendre beaucoup sur sa façon d'évaluer son problème. Vous voulez aider votre entourage; trouvez un moyen efficace de le faire. Sans vouloir jouer au psychologue il y a des façons subtiles et délicates de sensibiliser quelqu'un à sa problématique. De nombreuses personnes s'échangent leurs romans, les best-sellers de l'heure. Pourquoi ne pas partager vos meilleures lectures sur le bonheur, la réussite, la dépression. Il y a une quantité de bons livres sur tous les sujets. J'imagine que vous avez déjà en main une liste d'ouvrages qui font grandir. Une patiente me racontait son impuissance à aider sa meilleure amie aux prises avec un problème de harcèlement sexuel au travail. Je lui ai recommandé un bon auteur. Elle en était réjouie. Une autre se plaignait de la jalousie de son mari. Elle a laissé traîner un livre qui parle de manipulation et de jalousie. L'époux s'est résigné à consulter. Quoi de plus facile et de plus satisfaisant que d'aider ses semblables en leur suggérant des ouvrages d'intérêt. Il n'y a pas de risque à vouloir bien faire, à condition cependant de connaître ses limites. Ne vous octroyez pas les compétences que vous n'avez pas. Ne jouez pas au psychologue ou au docteur. Évitez également que le problème des autres ne devienne le vôtre.

ET SI ÇA NE VA PAS MALGRÉ TOUT

Votre cerveau, cet ordinateur tout puissant s'est enrichi de connaissances et d'expériences nouvelles qui favorisent une plus grande originalité dans la recherche de solutions à vos problèmes. Vous avez multiplié vos périodes de détente passive pour contrer le stress quotidien, et vous avez développé votre estime et votre confiance en vous dans des activités récréatives et valorisantes. Votre résistance au stress s'est grandement améliorée. Vous avez élargi vos horizons et votre cercle d'amis aussi. Vous vivez en harmonie avec votre environnement. Le menu du jour répond davantage à vos besoins. Vous avez compris que la réalité se vit au quotidien et que le bonheur se mesure à chaque moment agréable de la vie. Je me souviens des résultats d'une enquête sur le bonheur auprès de millionnaires américains. Malgré le pouvoir de leur argent, ces gens attribuaient leur plus grand bonheur aux choses simples de la vie : un souper entre amis ou en famille, une activité en plein air et la pratique d'un hobby agréable et constructif. Le soleil luit pour tout le monde, à chacun de profiter de sa lumière et de sa chaleur.

Mais, si malgré tous vos efforts pour gérer votre stress, vous avez l'impression de perdre le contrôle de votre vie, ne tardez pas à chercher de l'aide auprès d'un professionnel qualifié. Vous en valez la peine. Restez constamment branché sur vous-même afin de percevoir les signes précoces d'une maladie silencieuse. Soyez à l'affût des messages que vous lance votre corps. Je suis toujours attristé de voir certains patients attendre de vivre une grande détresse avant de consulter. À moins d'un événement traumatisant, les troubles anxieux et la dépression ne s'installent pas du jour au lendemain. Ils s'insinuent sournoisement dans votre existence. Plus vite vous consulterez, meilleures seront vos chances d'y mettre fin rapidement. Il ne s'agit pas de vous précipiter chez votre thérapeute au premier symptôme, mais si l'équilibre est rompu et que vous n'êtes plus fonctionnel, il y a là un impératif à demander ses services. Ne souffrez pas inutilement en espérant que *tout va finir par s'arranger.*

LA MALADIE FRAPPE

Vous êtes tenaillé par des émotions invalidantes et votre douleur est insupportable. Votre vie est chamboulée. Vous n'arrivez plus à trouver du plaisir dans vos activités de la vie quotidienne. Votre sommeil est perturbé, vous vous sentez fatigué et votre humeur est triste. Vous êtes soucieux et votre concentration manque d'acuité. Votre médecin vous recommande des médicaments pour atténuer vos symptômes, le temps que vous retrouviez votre équilibre. Vous êtes sceptique : vous avez peur de sombrer dans la dépendance. Vous avez entendu tellement de propos alarmistes sur les anxiolytiques et les antidépresseurs que vous craignez d'y recourir. Il s'agit d'une réaction tout à fait normale. N'hésitez pas à en discuter avec votre thérapeute. Il saura vous rassurer. La diminution progressive de la dose du médicament préserve de toute accoutumance. Les risques de *rester accroché* sont minimes.

Les médicaments jouent un rôle important dans le traitement des maladies mentales. Ce ne sont pas des drogues qui assombrissent l'esprit et rendent l'individu insouciant. Ils atténuent les souffrances et relèvent l'humeur. Les antidépresseurs exercent une action spécifique au niveau du système nerveux central. Ils veillent à restaurer l'équilibre chimique et biologique nécessaire au fonctionnement normal du cerveau. Ils sont aussi importants pour le dépressif que le sont l'insuline pour le diabétique et les hypotenseurs pour l'hypertendu.

Certains patients redoutent les effets secondaires des médicaments. Parlez-en à votre pharmacien, il saura vous renseigner. La plupart des réactions indésirables surviennent habituellement en début de traitement et elles sont souvent passagères.

La psychothérapie jumelée à la pharmacothérapie donne d'excellents résultats quant à la prévention et le traitement de plusieurs maladies. L'intervention sur les mécanismes psychologiques responsables de la maladie joue un rôle de premier plan dans le processus de guérison tout comme le développement de moyens préventifs s'avère essentiel pour empêcher la récidive. S'attaquer aux facteurs déclenchants, voilà une stratégie efficace pour éviter les rechutes. L'alcoolique et le toxicomane qui terminent une cure de désintoxication risquent à nouveau de sombrer dans la dépendance s'ils n'exploitent pas les moyens de se préserver de la tentation de boire et de consommer. Les malades mentaux s'exposent au même danger s'ils n'utilisent pas les outils qui les rendent moins vulnérables au stress. C'est en opérant des changements de comportement et d'attitude qu'on peut enrayer les troubles anxieux et dépressifs qui évoluent à bas bruit.

La guérison du patient tient à sa participation active au traitement. Son rôle ne doit pas se limiter à prendre des médicaments et à assister passivement à des séances de psychothérapie. *Aide-toi, le ciel t'aidera.* Le malade doit s'investir dans son apprentissage du mieux-être. Cela exige des efforts incessants. Même lorsque tout va bien. Relâcher la garde ouvre une brèche dans la vulnérabilité. Ce n'est pas le livre de recettes qui fait le bon cuisinier mais celui qui le met en pratique et qui l'améliore de sa propre expérience. Celui-là deviendra un grand chef. Même après une victoire éclatante, il n'est pas rare de voir le meilleur golfeur au monde, Tiger Wood, retourner sur le terrain de pratique pour peaufiner son élan. Il aurait toutes les raisons du monde de se bercer de son triomphe. Il préfère continuer à s'améliorer. C'est sûrement une des raisons pour lesquelles il est le plus grand de ce sport. J'aime le dicton qui dit à peu près ceci : *Si tu veux nourrir quelqu'un, donne-lui un poisson et tu le nourriras pour la journée. Mais si tu lui apprends à pêcher, tu le nourriras pour la vie.* Apprenez à gérer votre stress. Peut-être vous mettrez-vous à l'abri d'une maladie mentale!

LE LIEN ENTRE LE CORPS ET L'ESPRIT

Un jour ou l'autre, tout le monde expérimente la peur, cette sensation désagréable qui vous paralyse ou qui vous pousse à des actions extraordinaires. Il y a une décharge d'adrénaline des glandes surrénales qui accélère les battements du cœur et tend vos muscles. Les émotions entraînent des réactions physiques diverses qui témoignent d'un lien certain entre le corps et l'esprit. Les fantasmes ne déclenchent-ils pas une excitation qui se traduit par une érection chez l'homme et une lubrification vaginale chez la femme? Des bonzes en sexualité considèrent le cerveau comme l'organe sexuel du corps humain. Attention aux émotions fortes comme la rage ou la colère : elles peuvent engendrer de violentes réactions.

Le stress, on le sait, joue un rôle important dans l'apparition de nombreuses maladies. Les personnes anxieuses et dépressives sont plus vulnérables aux infections, aux troubles cardiaques, à l'hypertension, au cancer... De là l'importance de bien le gérer.

Durant le sommeil il y a une réduction des activités physiques et mentales qui permet au corps de se reposer. On peut ralentir le métabolisme, la fréquence cardiaque, la respiration et même abaisser la tension artérielle par des exercices de concentration. Les adeptes du yoga en ont déjà fait la démonstration. Il y a de nombreuses techniques de relaxation qui favorisent la détente et diminuent les tensions nerveuses.

Tout se passe dans la tête. Le corps et l'esprit sont intimement liés. Si vous en doutez encore, je n'ai qu'à vous parler de citron bien juteux pour vous faire saliver. Cherchez la détente en vous-même. Si des pensées négatives vous agressent, chassez-les en détournant votre attention : concentrez-vous sur quelque chose d'agréable. Imaginez des scénarios loufoques. Le nuage gris va finir par se dissiper. Tentez l'expérience et restez maître de vos pensées. *Zappez* sur un canal amusant.

LA PLACE DE LA SPIRITUALITÉ

Il faut croire en quelque chose ou en quelqu'un. La plupart des gens croient à l'existence d'une puissance supérieure. La prière joue un rôle non négligeable dans la résolution des problèmes de toutes sortes. Des études ont démontré son efficacité. Les personnes qui cultivent leur spiritualité sont moins stressées face aux contraintes de la vie. Que peut-on faire devant la perte d'un être cher ou la maladie qui nous arrache à la vie? La prière offre un soutien indéniable lorsque la situation semble désespérée. De nombreux patients me témoignent régulièrement des bienfaits de la prière dans les moments difficiles de leur vie. Nos aînés ont certainement beaucoup de choses à nous apprendre là-dessus. Ne sombrez pas dans l'alcool et la drogue, des voies d'évitement qui détruisent l'individu.

Lorsque vous vous sentirez démoralisé pour quelque raison que ce soit, répétez plusieurs fois la *Prière de la Sérénité*. Abreuvez-vous de ses paroles pleines de sagesse.

CONCLUSION

Les dernières statistiques de l'Organisation Mondiale de la Santé nous rappellent qu'une personne sur quatre souffrira de maladie mentale au cours de son existence. C'est considérable, n'est-ce pas? Dans mes trente années de pratique active en médecine générale, je n'ai cessé de voir défiler dans mon bureau un nombre de plus en plus croissant de patients anxieux et déprimés. L'hérédité joue un rôle certes, mais les facteurs psychologiques et environnementaux occupent une place prépondérante. Les situations difficiles et les événements catastrophiques ne sont pas les seuls responsables de l'anxiété et de la dépression; les attitudes et les comportements inadaptés génèrent beaucoup d'angoisse. Comme on l'a vu plus haut, ce n'est pas nécessairement l'événement qui crée du stress mais la façon de le percevoir, suivant ses connaissances, ses expériences et ses références.

Les contraintes de la vie moderne font partie intégrante du vécu quotidien. Il faut les apprivoiser. Une bonne gestion du stress favorise un meilleur contrôle de sa vie. Il faut trouver un juste équilibre entre vos mutations profondes et celles de votre univers. Ne vous laissez pas empoisonner par le côté sombre de votre vie.

Se donner une bonne santé mentale exige des efforts : la détente passive permet de s'évader des problèmes quotidiens. Elle modifie agréablement l'humeur. La détente active améliore l'estime et la confiance en soi. Plus votre vie sera bien meublée, moins il y aura de vide à combler, et moins il y aura de place pour les contraintes. N'attendez pas que la maladie ne vous tombe dessus avant d'intervenir.

Votre corps et votre esprit vous lancent constamment des messages, prenez le temps de vous arrêter pour les identifier. Réagissez promptement avant qu'ils ne se transforment en symptômes incapacitants. J'aime bien prendre quelques minutes en fin de soirée pour faire le point sur ma journée, voir ce qui n'a pas fonctionné et me remémorer les bons moments. Cette prise de conscience ponctuelle me garde en contact avec ma vie émotive. Je suis alors beaucoup plus en mesure de changer rapidement certains comportements et attitudes négatives. Par la même occasion, j'incruste dans ma mémoire les moments qui m'ont rendu heureux.

Profitez du matin pour vous répéter ceci : *qu'est-ce que je peux faire aujourd'hui pour passer une belle journée?* Cette courte phrase implique que c'est vous seul qui êtes le maître d'œuvre des actions à poser pour passer des moments agréables. Cette attitude positive laisse peu de place à tout ce qui peut contrecarrer vos plans.

Je vous recommande fortement de dresser un tableau de vos activités de vie en y apposant une cote de satisfaction pour chacune d'entre elles. Identifier les problèmes que vous voulez résoudre et les solutions que vous vous voulez y apporter. Cet exercice vous permettra de garder un certain contrôle de votre vie.

Certaines situations deviennent problématiques. Il faut alors trouver des solutions à leur résolution. La démarche, comme on l'a vu plus haut, nécessite l'identification du problème, la recherche de solutions, la mise en application de la solution choisie et l'évaluation des résultats. Chaque étape requiert une attention particulière.

Et, si malgré tous vos efforts, vous avez l'impression de perdre le contrôle, n'hésitez pas à recourir à de l'aide spécialisée. Je le répète : n'attendez pas que la maladie s'installe. Plus l'intervention sera précoce, meilleurs seront les résultats.

Pour tous ceux qui souffrent ou ont déjà souffert de dépression ou de troubles anxieux divers, sachez que les démarches que vous entreprendrez dans la gestion du stress vous permettront peut-être d'éviter une récidive. N'oubliez pas de garder le contrôle sur les facteurs de risque même lorsque tout va bien.

Je termine en vous rappelant que si les problèmes s'alourdissent et tendent à faire basculer votre vie du côté négatif, vous pouvez rétablir l'équilibre de deux façons : soit en diminuant la charge négative par le règlement des problèmes, ou en augmentant la charge positive, enrichie de connaissances et d'expériences valorisantes.

CHAPITRE 5

MODE DE VIE ET MALADIE : SURPLUS DE POIDS ET OBÉSITÉ

Comment on en arrive là – *Les influences de toutes sortes – Les associations d'aliments – Les automatismes – Attention à la publicité – Et on finit par manger tout le temps.*
Conséquences d'un surplus de poids – Ce que vous devez savoir : toujours la connaissance *(votre indice de masse corporelle, notion d'équilibre, vos besoins énergétiques quotidiens, le calcul des calories à perdre, où trouve-t-on les calories)*
Comment vous préparer à perdre du poids – *La motivation –Le journal alimentaire – La façon de manger – Objectifs réalistes (une planification à long terme, vous êtes maître de la situation, votre premier objectif est atteint) – Le volet alimentaire, encore des connaissances (la lecture des étiquettes, les diètes miracle).*
Catégories de mangeurs – *Ceux qui mangent trop – Ceux qui mangent mal – Les branchés.*
Une démarche rationnelle – *Le processus d'identification – Le changement d'habitudes – développer de nouveaux goûts – La réévaluation périodique.*
Causes d'échec au traitement – Un peu de créativité – Le poids de maintien – Quelques recettes supplémentaires *– La règle de UN – (gérer un repas à la fois – Changez une habitude à la fois – Prenez la bonne habitude).*

Mariette a vingt ans; l'été approche à grands pas; elle veut perdre du poids afin de porter le bikini qu'elle a acheté l'automne dernier.

Paul a cinquante ans; on vient de lui découvrir un diabète; il doit maigrir.

Georgette a soixante ans; ses pieds sont enflés et son arthrose aux genoux la fait souffrir; son médecin lui a recommandé de perdre du poids pour alléger la charge pondérale sur ses pauvres jambes.

Denis n'a plus de souffle; il doit maintenant s'arrêter dans l'escalier qui le conduit à son nouveau logement.

Jean-Pierre vient de passer un bilan de santé; toutes ses analyses de laboratoire sont normales. L'examen physique ne révèle rien d'autre qu'un surplus de poids de quinze livres. Jean-Pierre est ***en apparente bonne santé****; en effet, s'il ne gère pas son embonpoint, il risque de voir apparaître, tôt ou tard, les complications sur sa santé, dues à un gain pondéral.*

COMMENT ON EN ARRIVE LÀ

Tant de choses ont été dites sur l'alimentation et particulièrement sur l'obésité. Pourquoi s'y attarder à nouveau. Le présent chapitre s'inscrit dans le cadre d'une prise en charge de son alimentation afin de prévenir certaines maladies et de se préserver une bonne qualité de vie.

Beaucoup de gens accusent une surcharge pondérale et plusieurs en vivent les conséquences. Les *baby-boomers* paient de leur santé les abus d'hier. On estime à plus d'un milliard le nombre d'obèses dans le monde; et plus près de nous, aux États-Unis, une personne sur trois souffre de ce problème. Et ce qu'il y a de plus dramatique, c'est que les enfants gonflent de plus en plus ces statistiques effarantes. Il s'agit d'une véritable épidémie.

On brûlerait beaucoup moins de calories que nos aînés du siècle dernier. La vie sédentaire contribue à augmenter les graisses et à réduire la masse musculaire. Les activités ont changé : le téléviseur et l'écran de l'ordinateur ont remplacé l'activité physique : on ne dépense plus les calories en trop.

On ne mange pas seulement pour répondre aux besoins de son organisme. On mange davantage par goût, par plaisir, par habitude ou encore pour bouffer ses émotions. Les mauvais choix alimentaires et l'influence de la publicité se partagent également une grande part des responsabilités reliées aux problèmes de poids.

Le maintien du poids santé requiert un équilibre entre l'apport et la dépense des calories. Mais avant de chercher des solutions au surplus pondéral une prise de conscience individuelle s'impose. Voyez comment certaines habitudes, comportements et influences de toutes sortes jouent un rôle important dans le contrôle de votre poids.

Les influences de toutes sortes

Retournons dans l'enfance, terre sainte de nos racines. Je me souviens de l'importance d'une bonne bouffe pour dorloter les visiteurs. L'un de mes oncles se flattait la bedaine de satisfaction après un copieux repas. Il se dégourdissait ensuite les jambes pendant quelques secondes avant de se caler confortablement dans un fauteuil du salon pour fumer un gros cigare. Il est mort à cinquante-quatre ans d'un infarctus du myocarde... On ignorait alors les conséquences d'un tel comportement sur la santé.

Vos parents comme les miens nous ont inculqué certaines habitudes alimentaires dont il faut nous affranchir aujourd'hui. Ils ignoraient les méfaits du cholestérol et des aliments surchargés de glucides. Ils ont fait de leur mieux avec les connaissances du temps... Aujourd'hui l'ignorance n'a plus sa place. Les sources de référence sur une alimentation saine ne se comptent plus.

Les associations d'aliments font certainement partie des habitudes alimentaires les plus difficiles à se départir. Le repas commençait souvent par une soupe avec biscuits *soda*. Le plat principal comprenait un morceau de viande arrosé de sauce avec pommes de terre et légumes. Mon père trempait son pain beurré dans la sauce; mauvaise habitude qui m'a suivi pendant un bon bout de temps. Maman terminait toujours le repas par un bon dessert qu'elle avait préparé avec soin. Je vous laisse deviner avec quels ingrédients. On mangeait tous la même chose, quel que soit notre âge ou notre poids. On ne tenait pas compte des besoins individuels. C'était la coutume. Il fallait vider son assiette;

sinon on se faisait accuser de gaspillage... La calculatrice des calories n'existait pas. Et la fin de semaine, si mes frères et moi avions été gentils nous avions droit à des friandises... Quelle orgie! Vous comprenez maintenant pourquoi ceux qui n'ont pas réagi à temps et qui n'ont pas changé leurs habitudes alimentaires paient de leur santé les abus de la table.

Malheureusement, on voit encore trop de ces comportements qui perdurent encore aujourd'hui. Les repas sont souvent préparés en fonction de recettes et d'associations d'aliments. Beaucoup de gens mangent encore deux œufs, bacon, toast et café, au petit déjeuner. Ils ont toujours fait ça. C'est devenu un automatisme. Ont-ils toujours besoin de cette même combinaison? D'autres ajoutent un apéritif ou un digestif à leur repas principal. Les trois, quatre ou cinq services donnent le ton au repas. Des habitudes bien ancrées qui contribuent à la surcharge pondérale. Prenez quelques instants pour réfléchir à tout ça. N'est-il pas temps de remettre en question certains comportements néfastes qui vous suivent depuis votre plus tendre enfance ou que vous avez acquis avec le temps? Pensez à l'influence que vous exercez sur vos enfants...

Les automatismes nous suivent partout. On mange à peu près toujours les mêmes aliments. Et on apprête les repas de la même façon. Sans compter qu'on mange presque toujours les mêmes quantités quelles que soient nos activités. Comparez votre liste d'épicerie de semaine en semaine. Qu'en pensez-vous? Y a-t-il beaucoup de variété? Combien d'aliments nouveaux avez-vous essayés depuis un mois, six mois, un an... La plupart des gens se dirigent toujours vers les mêmes étalages. Ils utilisent les mêmes marques de produits alors qu'à côté s'est ajouté un nouveau produit de plus grande valeur.

La variété ne fait plus défaut aujourd'hui. Il y en a pour tous les goûts, tous les appétits et tous les besoins. La compétition est féroce au niveau de la production d'aliments de meilleure qualité. On surveille davantage les gras et les glucides. Il se fait également beaucoup de recherches en alimentation. Pensons aux aliments à valeur ajoutée, aux aliments enrichis, aux aliments naturels et aux aliments transgéniques. Prenez le temps de magasiner. Recherchez les épargnes calories.

Attention à la publicité : elle vous incite à manger et elle vous donne envie de manger même si vous n'avez pas faim. Les marchés d'alimentation agrandissent leur surface et les étalages regorgent de nouveaux produits qu'on n'hésite pas à vous faire goûter. On réveille votre appétit pour des aliments qui ne sont pas toujours bons pour la santé. Une opération marketing qui fonctionne très bien. Les kiosques sont abondamment fréquentés. Et pour être bien sûr que vous allez adopter leurs produits, on vous fournit différentes façons de les apprêter. Pas moyen d'y échapper! C'est beau, bon et pas cher. Qui dit mieux, maintenant que les gens ont de moins en moins de temps pour préparer les repas? Il devient parfois plus difficile de contrôler ce que vous mangez, et encore plus pour les enfants qui vivent de l'exemple des parents. Les repas tout préparés gagnent de plus en plus d'adeptes. Gardez le contrôle de votre alimentation.

On vit à l'ère du *fast-food.* La diversité des restaurants est invitante; ils sont tous regroupés aux mêmes endroits. De préférence dans des lieux passants, au cas où en revenant du travail, ça vous dirait de casser la croûte. Il n'y a rien de plus facile. Il y en a pour tous les goûts : de la pizza, du poulet, des sous-marins, des hot-dogs, des hamburgers, des mets chinois, des fruits de mer et j'en passe. On les sert à la carte ou en buffets. Les quantités sont toujours généreuses; vous êtes sûrs d'en avoir pour votre argent. Je suis toujours estomaqué de voir certaines gens se précipiter sur un buffet à volonté et de s'empiffrer *ad nauseam,* comme s'ils n'avaient rien mangé depuis longtemps. Ils n'ont aucune idée de la somme de calories ingurgitées. Et plus étonnant encore, on sert les mêmes proportions à tout le monde, que vous soyez petits, grands, minces ou gros; pas de chicane; après tout, tout le monde a payé le même prix. Je me souviens d'une patiente fort contrariée de voir que son mari n'engraissait pas alors qu'elle accumulait constamment des calories : « Je ne comprends pas, docteur, on mange la même chose tous les deux ». Son mari pesait 60 livres de plus qu'elle.

Je lui ai fait comprendre qu'à quantité égale, le surplus de calories pouvait se traduire par un gain de poids chez les petites personnes.

La restauration est également devenue de plus en plus spécialisée : il y a des comptoirs à crème glacée pour vous rafraîchir durant l'été, et des comptoirs à beignets pour le petit déjeuner ou la collation. La quantité de calories consommées est épouvantable. Tout comme certains produits sont étiquetés pour leur contenu en calories, on devrait également obliger ces comptoirs à indiquer le nombre de calories sur les produits qu'ils vendent.

La plupart des *fast-foods* ciblent bien leur clientèle, de préférence près des écoles. Les jeunes qui consomment du *fast-food* aujourd'hui, en consommeront demain et leurs enfants aussi probablement. De nouvelles habitudes bien ancrées qui serviront avantageusement les grandes entreprises.

Manger dans un grand restaurant ne nous met pas à l'abri d'une surcharge calorique : il suffit d'additionner les calories d'un apéritif, un cinq services, une bouteille de vin et un bon petit dessert pour réaliser qu'on a amplement dépassé ses besoins caloriques. Heureusement qu'il y a le digestif pour nous permettre de digérer tout ça…

Que dire des incitatifs à manger même si vous n'en avez pas le goût. Il faut profiter des occasions, des rabais, des aliments de saison, car demain ils ne seront plus bons ou ils coûteront plus cher. Il faut acheter en grande quantité tandis qu'il en est temps. Il faut se gaver le plus possible. Ou nourrir ses poubelles… Que pensez-vous des deux pour un, ou une portion additionnelle à demi-prix. Les spéciaux déjeuners sont remarquables : deux rôties et un café à prix régulier soit 1,79 $; tandis que deux œufs, bacon, toasts et café ne coûtent que 2,29 $. Calculez la différence : pour 0,50 $ de plus vous avez tout le kit. Toute une aubaine; même si vous n'avez pas faim pour tout ça… Prenez le temps d'observer toutes les attrapes et demandez-vous si vous avez vraiment assez faim pour tout bouffer ce qu'on vous offre. J'en vois plus d'un qui salive à l'idée d'un bon buffet à volonté…

Attention à l'influence de la publicité chez vos jeunes. Vous êtes-vous demandé pourquoi certains *fast-foods* se construisent près des écoles? Ne veut-on pas influencer les jeunes? Les amener à développer de nouvelles habitudes qu'ils transmettront ensuite à leurs enfants. Certaines grosses compagnies subventionnent des universités et des collèges pour privilégier leurs produits. Il ne faut pas faire la chasse aux sorcières mais rester tout de même vigilants devant ces subtilités de la publicité.

Et on finit par manger tout le temps; la publicité se charge de nous en donner l'envie. Que dire d'une bonne bière ou d'une liqueur douce en écoutant la télévision. Et pourquoi pas un sac de croustilles ou du chocolat. Des habitudes qu'il sera difficile de se départir un jour.

On associe toutes sortes d'événements à la nourriture. Le pop-corn et le cinéma vont de paire. Tout devient prétexte à fêter autour d'une bonne table. On commence ou on clôture une soirée entre amis par un bon repas. On souligne un anniversaire, une naissance, un mariage, une rencontre amoureuse, ou une promotion en festoyant. Et qui dit fête, dit plaisir, abus. Vous passez devant un comptoir de crème glacée par un bel après-midi d'été; l'association chaleur rafraîchissement vous invite à rentrer. Vous vous créez de nouvelles habitudes auxquelles vous additionnez des calories. On vous pousse à manger tout le temps. Vous êtes attablé au restaurant; vous avez faim; on tarde à vous apporter le plat principal et vous bouffez le pain qu'on a placé devant vous. Vous êtes bourré; pas question de vous priver pour le reste du repas, après tout, vous avez payé pour... Que de pièges, il faut se méfier! Restez vigilant : il y en a sûrement un qui trouve chaussure à votre pied.

Après avoir pris conscience des habitudes, comportements et influences responsables de la perte de contrôle de votre alimentation, voyons maintenant les conséquences d'un surplus pondéral.

CONSÉQUENCES D'UN SURPLUS DE POIDS

Le surplus de poids est facilement reconnaissable : chez l'homme, la graisse a tendance à s'accumuler autour de la taille tandis que chez la femme, on la remarque surtout au niveau des hanches. Et plus l'obésité devient importante, plus elle rend le corps difforme, car la graisse se dépose peu au niveau de la tête et des membres. Pour plusieurs cette déformation de l'image corporelle peut avoir des conséquences psychologiques importantes. Il y a une baisse de l'estime de soi.

Les viscères ne sont pas épargnés. La graisse se loge aussi autour du cœur, du foie et des reins, sans compter qu'elle obstrue aussi les vaisseaux sanguins avec des conséquences catastrophiques sur la circulation.

Le surplus de poids peut entraîner à plus ou moins long terme, des répercussions importantes sur la santé physique des individus. L'obésité est un facteur de risque de nombreuses maladies. Elle prédispose au diabète et aux maladies cardiovasculaires. Les membres inférieurs n'arrivent plus à supporter la charge pondérale : l'arthrose s'installe peu à peu au niveau des genoux entraînant des douleurs et des limitations à la marche. Les chevilles enflent et les pieds s'élargissent, des callosités plantaires apparaissent aux différents points de pression. Peu à peu, la circulation veineuse devient déficiente et les varices apparaissent.

Tout ça se traduit par une perte progressive de la qualité de vie. Prenez le temps d'observer, discrètement il va sans dire, les personnes obèses. Voyez comment elles s'essoufflent facilement, comment elles ont de la difficulté à marcher. Leur univers se rétrécit au fil des ans. Elles renoncent à certaines activités de la vie quotidienne; leurs capacités font défaut. Plusieurs en viennent à faire ce que j'appellerais de la chaise musicale : elles se promènent d'une chaise à l'autre, ne pouvant plus marcher ou rester debout trop longtemps. Certaines ne peuvent plus goûter à des activités récréatives. Elles refusent toute invitation qui exige un minimum d'efforts physiques. Certaines ne vont plus danser avec leurs amis. D'autres ne font plus de sport. Et si on pouvait stationner son auto dans le centre d'achat pour sauver quelques pas...

Imaginez-vous transporter une charge sur vos épaules à tous les jours. Si vous souffrez d'un surplus de poids, voyez comment il vous limite dans nombre de vos activités. Faites l'inventaire des activités que vous avez abandonnées. Vous serez surpris de voir tout ce que vous n'avez plus.

Alors, avant que la maladie ne se développe ou que la qualité de vie ne se détériore davantage, il faut perdre du poids. Ce n'est pas facile car on ne change pas aisément des habitudes de vie bien ancrées. Mais c'est possible, à condition d'être décidé et de vouloir faire les efforts qui s'imposent. Vous seul êtes responsable de la qualité de vie que vous voulez vous donner. Il faut se motiver et non pas se contenter de se répéter constamment *qu'il faudrait maigrir*. Il faut se convaincre et se répéter constamment : *Je veux perdre du poids; je suis décidé.* Il faut passer à l'acte, chercher à améliorer sa condition tout en se fixant des buts réalistes. Il faut envisager une stratégie personnelle et se permettre d'évoluer à son rythme. Malheureusement, on veut tout avoir et trop vite.

J'ouvre ici une parenthèse pour préciser que ce message s'adresse aussi à tous les individus de poids normal qui mangent mal. On voit de plus en plus de patients qui requièrent des tests de laboratoire afin de vérifier leur cholestérol et leur taux de sucre dans le sang. Même si les résultats sont normaux je leur rappelle que leur mode de vie est malade et que tôt ou tard, ils devront changer certaines habitudes alimentaires. Pourquoi attendre d'être confronté à la dure réalité?

Toujours dans le contexte de cette prise de conscience, cette connaissance de soi, restez à l'écoute de votre corps. Tendez l'oreille : mal manger donne souvent des symptômes digestifs désagréables. Combien de fois avons-nous à répéter, délicatement il va sans dire, que ce n'est pas la *digestion qui fonctionne mal* mais bien le fait de trop manger ou de mal manger. Faites le calcul : 3 repas par jour multiplié par 365 jours et multiplié ensuite par 70, 80 ans... C'est considérable n'est-ce pas? Votre alimentation ne mérite-t-elle pas une attention particulière?

CE QUE VOUS DEVEZ SAVOIR; TOUJOURS LA CONNAISSANCE

Non seulement est-il important de connaître vos mauvaises habitudes alimentaires, encore faut-il savoir ce que vous mangez. Mais avant, si vous voulez maigrir, vous devez d'abord connaître votre poids en kilogrammes et votre taille en mètres, afin de calculer votre indice de masse corporelle (IMC) qui servira de point de repère à votre ajustement pondéral. Quelques calculs fastidieux mais combien utiles.

Votre indice de masse corporelle

L'IMC se calcule comme suit :

IMC = le poids en kilos ÷ taille en m^2.

À titre d'exemple, imaginons un individu de 1mètre 70 qui pèse 80 kilos; son IMC se calculerait comme suit :

IMC = 80 kilos ÷ 1,7 m^2 (soit 1,7 x 1,7)
IMC = 80 kilos ÷ 2,89
IMC = 27,6

Or, le poids-santé correspond à un IMC se situant aux alentours de 25. Notre individu a un IMC supérieur de 2,6 (soit 27,6 – 25 = 2,6).
Pour calculer maintenant sa surcharge pondérale, il suffit de multiplier l'excédent de la masse corporelle soit 2,6 par 2,89 de notre équation, ce qui donne un surplus de 7,5 kilos.
Notre individu doit donc perdre 7,5 kilos pour atteindre idéalement son poids-santé. Traduits en livres, 7,5 kilos représentent 16,5 livres de trop. En effet :

1 kilo = 2,2 livres
Donc, 7,5 kilos = 16,5 livres (soit 7,5 x 2,2)

Du chinois tout ça? Non! Faites votre calcul. C'est facile. On n'utilise plus comme autrefois les chartes de poids idéal fournies par certaines compagnies d'assurances. L'indice de masse corporelle tient davantage compte de votre réalité pondérale.

Notion d'équilibre

Avant d'aller plus loin, il est important de préciser certains principes de base. Pour maintenir son poids, il doit y avoir un équilibre entre l'apport et les dépenses de calories. Vous comprenez que s'il y a surplus de calories par rapport aux dépenses, il y aura inévitablement un gain de poids. Alors, pour perdre du poids, il faudra diminuer l'apport calorique et, ou augmenter la dépense calorique.

Les jeunes ont besoin de plus de calories, étant donné leur croissance et leurs activités physiques. Il y en a encore beaucoup qui pratiquent des sports. Malheureusement, en vieillissant l'activité physique diminue mais non l'appétit. Vous comprenez ce qui se passe : l'embonpoint apparaît.

Vos besoins énergétiques quotidiens

Maintenant que vous connaissez votre poids et votre charge pondérale à perdre, calculez approximativement vos besoins énergétiques quotidiens (BÉQ) en calories. Pour cela, vous devez d'abord estimer vos besoins de base (BdB) à environ 10 calories par livre de poids. Les besoins de base correspondent aux activités de fonctionnement du corps humain, soit la digestion, la respiration, etc. À cela s'ajoute un pourcentage de vos besoins de base pour les activités physiques (AP) qui sont variables d'une personne à l'autre. Donc les

BÉQ = BdB + AP (soit un % des BdB)

Revenons à notre exemple du début, un individu de 80 kilos. Son poids en livres est de 176 livres. Rappelez-vous que 1 kilo = 2,2 livres. Donc,

Poids de 80 kilos X 2,2 = 176 livres.

Nous avons évalué les besoins de base à 10 calories par livre, soit

BdB = 176 livres x 10 calories = 1760 calories.

Et pour l'ensemble de ses activités physiques quotidiennes, ajoutons 1/3 de ses BdB soit

AP = 1/3 de 1760 calories = environ 580 calories.

Alors les besoins énergétiques quotidiens de notre individu sont approximativement de 2340 calories. En effet,

BÉQ = BdB + AP

BÉQ = 1760 + 580 = 2340 calories.

Ennuyeux tout ça, je le conçois. Par ailleurs très intéressant si vous voulez comprendre comment le poids se traduit en calories ou vice versa. On n'a pas beaucoup le choix, il faut parler de chiffres.

Avant d'aller plus loin, résumons nos premières constatations : nous avons calculé les besoins énergétiques quotidiens de notre individu de 80 kilos, ou 176 livres à environ 2340 calories par jour. Permettez-moi ici de simplifier les calculs en les estimant à 2500 calories par jour. Il n'est pas nécessaire d'avoir une précision absolue.

Le calcul des calories à perdre

Vous avez tout de suite compris que s'il veut maigrir, il doit diminuer la quantité de calories ingérées. En effet ses besoins énergétiques quotidiens de 2 500 calories ont été calculés pour un poids de 80 kilos ou 176 livres. Or, notre individu a un surplus de poids de 7,5 kilos ou 16,5 livres à perdre. Alors quelles restrictions caloriques doit-il s'imposer pour perdre ce poids?

Laissez-moi introduire une autre notion qui va nous permettre de pousser plus loin notre raisonnement et faciliter, je l'espère, une perte de poids plus facile et équilibrée.

Une livre correspond à environ 3 500 calories. Alors, pour chaque livre perdue, notre individu doit consommer 3 500 calories en moins. Il n'en tiendra qu'à lui de se fixer des objectifs concernant la quantité de calories qu'il veut perdre par jour et cela, pendant combien de temps.

Imaginons qu'il ait pris la décision de diminuer sa consommation de 500 calories par jour. Il lui prendra alors une semaine pour perdre une livre; ce qui est très raisonnable.

3500 calories divisées par 500 calories par jour = 7 jours.

À ce rythme, il aura perdu ses 16,5 livres ou 7,5 kilos en 16,5 semaines. Il risque moins de se décourager que s'il s'était imposé des objectifs trop sévères. D'importantes restrictions conduisent souvent à l'abandon. Et vous, où en êtes-vous avec vos calculs de calories à perdre?

Vous aurez également compris que pour une même ingestion quotidienne de calories, une augmentation des activités physiques peut faire perdre quelques kilos. J'en parlerai au prochain chapitre.

Où trouve-t-on les calories?

Encore quelques connaissances générales avant d'aborder les stratégies pour perdre du poids et le maintenir. On trouve les calories dans les protéines, les lipides (gras) et les glucides (sucres). Les équivalents caloriques pour chacune des catégories se calculent comme suit:

Un gramme de protéines équivaut à 4 calories.
Un gramme de glucides équivaut à 4 calories également.
Un gramme de lipides équivaut, quant à lui, à 9 calories.
Il est noter qu'un kilogramme est égal à 1000 grammes.

Comme vous pouvez le constater, il y a 2 fois plus de calories dans un gramme de gras que dans un gramme de protéines ou de sucre. On perd donc davantage de poids en coupant le gras.

Pour un bon équilibre nutritionnel, il faut respecter les proportions suivantes dans son alimentation :

55 % de glucides
30 % de lipides
15 % de protéines

De plus en plus de produits alimentaires sont étiquetés, et affichent leurs composantes en protéines, glucides et lipides. Certains fournissent leur valeur calorique totale par portion. D'excellentes références pour celui qui veut perdre du poids. Plusieurs livres de recettes offrent ces mêmes calculs. Ne vaut-il pas la peine de faire une liste des calories de ce que vous mangez? Vous serez étonné des résultats. Vous serez bien armé également pour faire des comparaisons avec d'autres produits que vous voulez essayer. Plus vous en saurez sur votre liste d'épicerie, mieux vous pourrez agir sur vos habitudes alimentaires. La connaissance, comme je l'ai dit plus haut, c'est le point de départ d'une intervention efficace.

Passons maintenant aux choses pratiques.

COMMENT VOUS PRÉPARER À PERDRE DU POIDS

Nous voilà rendus au cœur du problème. Vous avez fait votre examen de conscience. Vous êtes sensible à vos mauvaises habitudes alimentaires et à vos comportements dévastateurs. Vous connaissez les méfaits de l'embonpoint sur votre santé et votre qualité de vie. Vous avez acquis des connaissances nutritionnelles générales. Vous les avez appliquées à votre condition. Vous êtes maintenant prêt pour la recherche de solutions à votre problème de poids. Rappelez-vous que l'objectif principal consiste à diminuer l'apport calorique et à augmenter les dépenses de calories. Je privilégie l'approche douce, ponctuelle, rationnelle et réaliste.

Les suggestions qui suivent s'adressent aux gens qui mangent trop et qui mangent mal. Les bien portants qui dépassent leur poids santé vont également en tirer profit. À bien y penser tous ceux et celles qui ont un intérêt quelconque dans la nutrition sont les bienvenus. Ils en auront pour leur compte.

La motivation : êtes-vous bien motivé? Trouvez-vous des raisons pour vous stimuler, vous pousser à agir; il faut dépasser l'étape des vœux pieux : *J'aimerais bien ça, il faudrait bien que* *etc.* N'ayez pas peur de vous regarder en face et de vous poser les vraies questions : *J'ai un problème avec mon poids; Que puis-je faire pour améliorer mon image corporelle? Que puis-je faire pour prendre soin de ma santé avant d'en payer un jour la facture? Quelles sont les capacités physiques que j'ai perdues au fil des ans? Suis-je intéressé à améliorer ma qualité de vie? Combien de temps encore vais-je me trouver des excuses pour ne pas agir? Suis-je paresseux?* Ne craignez pas de vous *brasser la cage*, c'est pour la bonne cause. Ne vous comptez pas de blagues, c'est à vous seul que vous mentez. Fixez-vous un point de départ, une date d'anniversaire, par exemple, faites-vous un cadeau.

Manger, c'est l'affaire de tout le monde. Gérer sainement son alimentation peut s'inscrire dans le cadre d'une activité individuelle, une activité de couple ou une activité familiale. Rappelez-vous que les enfants adoptent les habitudes alimentaires de leurs parents. Motivez-vous et soyez un motivateur pour vos proches

La motivation a souvent tendance à s'effriter avec le temps. Lorsque vous aurez décidé de perdre du poids, répétez-vous quotidiennement que vous en êtes capable et que la vie sera plus belle après. Tentez d'imaginer à quoi vous ressemblerez et tout ce que vous pourrez faire avec des kilos en moins. Si vous perdez courage en cours de route, consolez-vous du chemin parcouru.

Une balance ou pèse-personne : pour ceux que ça intéresse, c'est le seul instrument qui vous permettra de savoir exactement où vous en êtes : quels sont les progrès que vous avez réalisés. La majorité des gens qui souffrent d'embonpoint n'ont pas de balance. Sachez que les vêtements sont de très mauvais indicateurs d'un surplus de poids; ils s'étirent longtemps avant de ne plus être portables.

Si vous adoptez ce moyen quantitatif de contrôle, veuillez noter le poids de départ sur un calendrier ainsi que les mesures subséquentes. À vous d'en déterminer la fréquence. De cette façon, il vous sera plus facile de suivre l'évolution de vos efforts dans le temps. Beaucoup de patients réalisent le lendemain de la veille les effets d'un copieux repas. Ils en connaissent les conséquences sur leur balance. Ils deviennent plus avertis devant certains comportements nuisibles.

Le journal alimentaire : Avant d'élaborer une stratégie personnelle pour perdre du poids, il vous faut d'abord savoir ce que vous mangez. Toujours la connaissance. Il n'y a rien à faire : on n'y échappe pas lorsqu'on veut obtenir les meilleurs résultats qui soient : il faut d'abord savoir sur quoi intervenir. Tous les aliments solides et les breuvages doivent être répertoriés pendant une semaine (7 jours). Il est important d'y inscrire la quantité. Soyez précis!

Le journal se veut l'image miroir de vos habitudes alimentaires. Il servira d'outil précieux pour déterminer si votre alimentation reflète davantage un problème de quantité ou de qualité. Il vous permettra de cibler les aliments à forte teneur calorique et de connaître la variété de vos aliments. Apprenez-en un peu plus sur vos comportements.

Beaucoup de patients mésestiment leur apport calorique, mais quand ils analysent le contenu de leur journal, ils y découvrent plein de surprises… Rappelez-vous que ce n'est pas juste la quantité qui compte.

Voici un exemple de journal alimentaire de monsieur ou madame tout le monde :

Jour 1

– Petit déjeuner : 2 œufs bacon patates avec 2 rôties, confiture de fraise, café avec 2 sucres et une crème 10 %.

– Un café en matinée avec 2 sucres et un peu de lait 2 %.

– Dîner : un sandwich pain blanc avec jambon, fromage et laitue. Un petit gâteau et une limonade.

– Collation en après-midi : 2 biscuits au chocolat avec un coke diète.

– Souper : une grosse assiette de pâté chinois (*yé tellement bon)*; une salade du jardin avec vinaigrette française et quatre rondelles de betterave; 2 tranches de pain blanc; une salade de fruits (marque commerciale) et un thé nature.

– Collation dans la soirée : (en *écoutant la TV*) une grappe de raisins et un petit sac de croustilles avec un coke diète.

Jour 2 ...etc.

Et tandis que vous y êtes, pourquoi ne pas noter brièvement les activités physiques que vous avez faites durant la journée (marche, course, escaliers etc.; soyez précis sur les distances). C'est un excellent moyen de prendre conscience de votre dépense énergétique (calories).

La façon de manger : et oui elle joue un certain rôle dans une stratégie efficace de contrôle pondéral. Beaucoup de patients froncent les sourcils lorsque je leur demande comment ils mangent, manger vite influence les mécanismes régulateurs de l'appétit. Il est important de bien mastiquer les aliments avant chaque bouchée subséquente, même si l'envie vous prend de tout bouffer en même temps. Prenez également l'habitude de boire un grand verre d'eau juste avant la première bouchée. Le sentiment de plénitude dans l'estomac peut contribuer à diminuer votre appétit.

Objectifs réalistes

Une planification à long terme : si vous voulez perdre du poids alors que vous traînez de mauvaises habitudes depuis fort longtemps, il vaut mieux éviter les changements radicaux dans votre alimentation; vous risquez fort de vous décourager. Planifiez à long terme; ayez davantage une **vision horizontale** que verticale dans votre plan de gestion. Il n'y a rien qui presse. Rappelez-vous qu'une perte rapide de poids fait également fondre votre masse musculaire. Et je passe sous silence l'apparence de la peau. Prenez votre temps. Perdre du poids rapidement avec toutes sortes de diètes miracle risque également de voir rebondir vos anciennes habitudes lorsque votre calvaire sera terminé. Il est préférable de perdre du poids à long terme; c'est moins exigent et moins souffrant.

Vous êtes maître de la situation : Dès que vous aurez décidé de maigrir, dites-vous que dorénavant vous ne pèserez plus jamais le poids que vous pesez actuellement. Entourez-le de rouge sur votre feuille de poids pour bien vous le rappeler. À partir de là, fixez-vous des objectifs personnels qui tiennent compte de votre capacité à répondre à vos engagements, perdre quelques kilos en quelques semaines, par exemple. À chacun d'évaluer le poids qu'il veut perdre et de déterminer le temps que ça prendra pour le faire. Il vous appartient d'établir votre vitesse de croisière. Soyez souple.

Votre premier objectif est atteint : Dès que vous aurez atteint votre premier objectif, prenez un moment de réflexion pour voir où vous êtes rendu : Demandez-vous si ça a été l'enfer. Si tel est le cas, ralentissez, ce n'est pas une course. Attention cependant de ne pas reprendre le poids perdu. Rappelez-vous que *jamais plus vous ne pèserez autant*. Fixez-vous un nouvel objectif qui tienne compte de l'expérience que vous avez vécue et des efforts que vous avez dû fournir pour y arriver. Répétez cet exercice à votre convenance jusqu'à l'obtention de votre poids idéal. Je préfère cette approche par étape, ou si vous aimez mieux, par palier. C'est moins décourageant que d'envisager la somme totale de poids à perdre et de se dire avec beaucoup d'appréhension : *Il faut que je perde 15 kilos (33 livres), 30 kilos (66 livres) ou 50 Kilos (110 livres).* Et pour ceux ou celles qui sont en train de gagner du poids, n'attendez pas d'avoir 20 (44 livres), 30 (66 livres) ou 40 kilos (88 livres) à perdre avant de réagir. Le plus tôt sera le mieux.

Louise a décidé de maigrir; elle connaît son poids et sa taille; ce qui lui a permis de déterminer son IMC (indice de masse corporelle). Elle connaît maintenant son poids-santé. Il lui faut perdre 20 kilos (44 livres) pour l'atteindre. Elle s'est jurée de ne plus jamais peser 80 kilos (176 livres). Elle a choisi l'approche par palier pour y arriver. Sage décision d'autant plus qu'elle reconnaît avoir des habitudes alimentaires bien ancrées.

Au terme de la première étape, elle a atteint ses objectifs : elle a perdu 5 kilos (11 livres) en 8 semaines. Elle est très satisfaite des résultats; mais elle avoue avoir trouvé l'expérience un peu difficile. Elle a donc décidé, pour cette deuxième étape, de fixer la barre un peu moins haute et de revoir son plan d'action. Elle a réduit ses exigences à 3 kilos (6,6 livres) pour 8 semaines. Louise a compris qu'il n'y a pas de presse et qu'elle risque moins de se décourager.

Maintenant que vous avez comme Louise toutes les informations nécessaires à une approche réaliste de contrôle pondéral, abordons maintenant le volet alimentaire.

Le volet alimentaire: encore des connaissances :

Maintenant que vous avez fait votre bilan alimentaire, vous devez savoir ce qui est bon et ce qui n'est pas bon à manger. Vous voulez ce qu'il y a de mieux pour vous et vos enfants n'est-ce pas? Alors, je vous laisse le soin de dresser la liste de tous les aliments que vous pouvez manger à volonté sans risque de prendre du poids. De nombreux livres traitent de ce sujet. Il vous sera facile d'en obtenir un exemplaire auprès de votre libraire ou à la bibliothèque de votre quartier. Vous pouvez également obtenir ces listes auprès de professionnels réputés. Elles vous seront très utiles en période difficile, lorsque votre appétit vous paraîtra insatiable. Je vous laisse également le soin d'établir la liste des aliments qu'il faut éviter à tout prix à cause de leur teneur élevée en calories. Familiarisez-vous avec ces données. Ce n'est pas du chinois, vous verrez. Comparez ces listes avec les aliments de votre journal alimentaire. Qu'en pensez-vous? Avez-vous de petites lacunes?

La lecture des étiquettes apposées sur les produits alimentaires s'avère essentielle pour connaître le nombre de calories contenues dans une portion, ainsi que ses différentes composantes en protéines, lipides (gras) et glucides (sucres). Comparez ensuite ces informations avec les aliments que vous mangez.

Prenons l'exemple de quelqu'un qui met du beurre d'arachide sur ses rôties. Une marque réputée nous donne les résultats suivants : pour une cuillerée à table, on calcule 89 calories qui se répartissent comme suit :

Protéines = 3,7 g (3,7 x 4,0 cal/g. = 14,8 cal)
Matières grasses = 7,2 g. (7,2 x 9,0 cal/g. = 64,8 cal)
Glucides = 2,4 g (2,4 x 4,0 cal = 9,6 cal)

Ces informations peuvent être également très utiles pour les diabétiques et les personnes porteuses d'hypercholestérolémie qui doivent limiter leur consommation d'hydrates de carbone (sucre) et de lipides (gras).

Les diètes miracle : Attention! Elles ne tiennent souvent pas compte de vos habitudes alimentaires. Vous n'avez pas juste de mauvaises habitudes. Rappelez-vous qu'on ne bouscule pas 20, 30 ou 40 ans d'habitudes alimentaires du revers de la main. Parlez-en à ceux ou celles qui ont suivi des diètes. Vous verrez que les anciennes habitudes refont vite surface, et le poids avec.

Attention également aux régimes minceur et aux gadgets qui font perdre du poids. Beaucoup de promesses mais peu de résultats à long terme.

CATÉGORIES DE MANGEURS : Avant de poursuivre votre recherche de solutions au problème de l'embonpoint, il serait bon, je crois, de revenir en arrière afin de bien identifier vos comportements nuisibles. Référez-vous constamment à votre journal alimentaire ou à votre conduite en certaines circonstances. Comment vous comportez-vous au restaurant, devant un comptoir de friandises, une pâtisserie, au cinéma, devant un buffet à volonté? Reconnaître ses faiblesses est le premier pas d'une démarche sérieuse et prometteuse. Il va de soi que vous pouvez appartenir à plusieurs catégories à la fois.

Ceux qui mangent trop : Il y a des gens qui mangent beaucoup à chaque repas. C'est toujours trois, quatre ou cinq services, ou encore, ils retournent deux fois au plat principal ou au dessert. Ils en arrivent à se convaincre qu'ils peuvent se permettre deux assiettées complètes du menu principal étant donné qu'ils ne mangent pas de salade ou de dessert. Toutes les excuses sont bonnes pour exagérer.

Il y en a d'autres qui bouffent toute la journée : ils mangent au petit déjeuner, à la pause du matin, au dîner, à la pause de l'après-midi, au souper et durant la soirée lors de leurs émissions de télévision préférées. Ils ont toujours quelque chose dans la bouche.

S'entraîner à manger lentement pour ceux qui mangent vite et boire beaucoup d'eau peut ralentir les élans les plus voraces. Diminuer le format de son assiette s'avère une solution non négligeable. Et pour ceux qui ont de la difficulté à contrôler leurs excès, référez-vous à votre liste d'aliments que vous pouvez manger à volonté sans ajouter un centimètre à votre tour de taille.

Ceux qui mangent mal : on l'a vu, la qualité des aliments joue un rôle important dans le décompte des calories. Rappelez-vous qu'un gramme de gras contient deux fois plus de calories qu'un gramme de protéines ou de sucre. Confrontez la liste des aliments à proscrire avec votre bilan alimentaire. Désensibilisez-vous progressivement à votre habitude la plus désastreuse. Prenez le temps une fois pour toutes de bien connaître ce que vous mangez, après tout, l'alimentation occupe une grande place dans votre vie de tous les jours, n'est-ce pas? Quand vous magasinez, n'êtes-vous pas intéressé à tout savoir sur le produit que vous voulez acheter? Raison de plus quand il s'agit de votre santé. N'hésitez pas à partager vos connaissances avec votre entourage. Peut-être allez-vous en rallier à votre cause, ou en sensibiliser à la leur.

N'oubliez pas que mal manger dérange également votre système digestif. Rappelez-vous vos pointes d'irritabilité ou de colère lorsqu'on vous bardasse un peu trop : vous grognez, vous pestez, vous réagissez avec ardeur. C'est la même chose pour votre tube digestif, si vous le malmenez par toutes sortes d'excès de table, écoutez ses lamentations. Ne vous arrive-t-il pas d'avoir des crampes, des ballonnements, des brûlements d'estomac, de la constipation ou de la diarrhée. Peut-être y a-t-il là des signes évidents d'intolérance alimentaire? Écoutez votre corps, ses réactions.

Les branchés : ce sont ceux qui mangent presque toujours les mêmes choses et qui les apprêtent presque toujours de la même façon. Ils vivent suivant des automatismes bien définis : ils ont des habitudes bien ancrées qui tiennent le pas depuis nombre d'années. Ils occupent toujours la même place à la table. Ils mangent la même chose à tous les petits déjeuners : deux œufs légèrement tournés, deux rôties avec beurre d'arachide, un café avec deux sucres et un lait. Ils ne se souviennent pas avoir essayé autre chose, les dîners et les soupers sont pareils. Très peu de variété dans la quantité et la qualité, quelles que soient leurs dépenses énergétiques. Ils fréquentent toujours les mêmes restaurants. Ils font leur épicerie au même endroit sans jamais s'arrêter devant l'étalage de nouveaux produits. L'ordre dans lequel ils vivent est indéfectible : il n'y a pas de place pour la nouveauté. *J'ai toujours mangé comme ça,* me diront-ils, *j'ai jamais été malade et j'ai jamais été gros comme ça.*

La vieillesse nous rejoint tous hélas, et nos dépenses énergétiques diminuent avec le temps. Si vous n'adaptez pas vos habitudes alimentaires à ces changements, la maladie ou l'obésité risquent de vous rattraper. Quand vient le temps de se débarrasser d'une mauvaise habitude, certaines gens éprouvent beaucoup de difficulté à le faire : elles doivent se priver d'un aliment préféré et elles n'ont pas de nouvelles ressources pour compenser leur perte. Faites un bilan alimentaire de quelques semaines et voyez comment certaines habitudes sont bien enracinées sans que vous en soyez conscient.

UNE DÉMARCHE RATIONNELLE

On peut aborder la perte de poids de différentes façons. Je vous en suggère une, en plusieurs étapes. Il s'agit d'une approche semblable à celle que j'ai utilisée dans la gestion du stress.

Le processus d'identification : il faut confronter vos habitudes alimentaires avec la quantité de calories ingérées en regard des différents aliments que vous mangez. Il faut estimer vos dépenses énergétiques en comparant vos activités physiques d'une journée à l'autre. Il faut également tenir compte des maladies qui vous obligent à des restrictions particulières.

Le changement d'habitudes : identifiez une mauvaise habitude que vous voulez changer. Trouvez dans vos ressources personnelles les moyens pour y arriver. Chacun a sa façon de résoudre ses problèmes. Il est important, rappelons-le, de se fixer des objectifs réalistes et de changer une seule habitude à la fois. Les changements progressifs donnent d'excellents résultats à long terme.

Voici l'exemple d'un patient qui a décidé de s'attaquer à sa consommation de chips. Il a d'abord tenté de réduire la quantité mais n'y est pas arrivé. Alors il a pris les grands moyens : il n'en a plus acheté. Il m'a avoué avoir eu beaucoup de difficulté à contrôler sa rage. Au début, il cherchait régulièrement son sac de chips dans le garde-manger. Il a dû recourir à un palliatif, il s'est mis à manger du céleri car il savait qu'il pouvait en manger à volonté sans engraisser. Par la suite, sa dépendance s'est dissipée graduellement. C'est ainsi qu'il a réussi à vaincre cette mauvaise habitude. Il faut être prudent quand on substitue un aliment ou un breuvage par un autre. Une patiente me rapportait avoir réglé son problème de boisson gazeuse en la substituant par du jus de fruits. Lorsqu'on a fait le décompte des calories ingérées, elle a vite constaté qu'il n'y avait pas beaucoup de différence.

Développer de nouveaux goûts : pour changer la routine. Il faut chercher d'autres excitations gustatives. Certains patients me rapportent découvrir de petits bijoux dans des livres de recettes : des mets riches en goût mais pauvres en calories. Plus on s'enrichit de saines habitudes, plus on est armé pour faire face à celles qu'on veut éliminer.

La réévaluation périodique : lorsque vous avez décidé de mettre fin à une mauvaise habitude alimentaire, il est important de vérifier périodiquement où vous en êtes rendu. Si vous n'avez pas atteint vos objectifs, cherchez-en la cause afin d'y remédier. Peut-être devrez-vous intensifier vos efforts ou encore exploiter de nouveaux moyens.

CAUSES D'ÉCHEC AU TRAITEMENT : quand on parle de bouffe, de tabac ou de télévision, certains patients me disent que c'est leur seul *désennuie,* qu'ils ne peuvent se priver du seul plaisir qu'ils ont, comme s'il n'existait rien d'autre qui puisse les satisfaire. Ces gens sont pauvres, ils ne recherchent pas de plaisirs plus sains. La routine les a engloutis et ils ont fini par croire qu'ils ne peuvent rien vivre d'autre.

La perte de motivation est responsable d'une bonne partie des échecs. Il faut la nourrir constamment en vous rappelant les motifs qui vous ont guidé dans vos décisions. Il faut la renchérir également par les succès réalisés. Tous les efforts fournis et les démarches entreprises augmentent l'estime et la confiance en soi.

Certains sont trop impatients. Ils veulent des résultats instantanés : ça presse; l'été qui vient, le maillot de bain, le bikini etc. Ils ne réalisent pas à quel point il est difficile, voire impossible, de tout changer en même temps. Connaissez-vous beaucoup de situations où un chambardement dans un temps record a donné des résultats remarquables? Une démarche vouée à l'échec et une perte de confiance. Rome ne s'est pas bâtie en un seul jour! *Take it easy; prends ça cool,* comme on dit. Je me souviens d'un patient qui suivait une *diète miracle* qui faisait fi de toutes ses habitudes alimentaires. Un autre qui me rapportait *sauter des repas.* Ils n'ont pas tenu le coup. L'amaigrissement rapide conduit à des rechutes fréquentes, car on ne tient pas compte de la réalité individuelle. On a tous connu des gens qui ont maigri rapidement mais qui ont regagné leur poids aussi vite. Les anciennes habitudes refont toujours surface. Les gens qui manquent de persévérance ont peu de chances de voir leur idéal se réaliser.

Il faut tirer des leçons de ses échecs. Il ne faut pas abandonner. Vous avez montré que vous en êtes capable, alors continuez ou recommencez; vous serez plus fort. La vie se charge souvent de nous rappeler qu'on ne réussit pas toujours du premier coup. Peut-être qu'à cette étape-ci, de petites gratifications peuvent vous aider, à condition évidemment de ne pas retomber dans les excès. Un couple de patients se réservait parfois de petites gratifications la fin de semaine, en récompense pour les efforts fournis durant la semaine.

Attention également aux préjugés. Beaucoup de gens croient qu'on ne retrouve le sucre que dans les friandises, les desserts ou les liqueurs douces. Ils ignorent que les fruits et certains légumes en contiennent également. De là la nécessité de parfaire vos connaissances dans ce domaine. Lorsque la démarche s'avère trop ardue, il peut être utile de recourir aux services de personnes compétentes ou d'organismes de support.

UN PEU DE CRÉATIVITÉ : dans la variété des aliments et la façon de les apprêter. Pourquoi ne pas expérimenter de nouvelles recettes, découvrir de nouvelles cuisines. Il existe des cours de toutes sortes et pour toutes les bourses.

L'alimentation, c'est l'affaire de tous. Pourquoi ne pas impliquer vos adolescents dans la préparation des repas. Vous pouvez les inviter à choisir une recette dont ils seront responsables quant à la préparation et à la qualité des aliments servis. Voilà une excellente façon de les initier à une bonne alimentation. Il faut changer ces vieilles habitudes où ce sont les parents qui sont toujours responsables de la préparation des repas. Il est important de responsabiliser les jeunes à une alimentation saine et équilibrée. Apprenez-leur à lire les étiquettes sur les produits alimentaires. Sensibilisez-les aux gras, aux protéines et aux hydrates de carbone. Donnez-leur de petites recherches sur Internet. Ils pourront partager leurs découvertes autour d'un bon repas.

Profitez d'une sortie chez votre diététicienne. Faites le point sur votre santé nutritionnelle. Discutez de vos problèmes et améliorez vos connaissances. Il y a tellement de changements dans ce domaine. Ça ne coûte pas cher. Vous n'hésitez pas à consulter votre médecin, votre pharmacien ou votre dentiste lorsque votre santé vous inquiète. Sachez que la diététique fait également partie du domaine de la santé.

Faites pression auprès de votre marché d'alimentation afin qu'il vous fournisse l'aide d'un conseiller compétent sur la valeur nutritive des aliments que vous consommez. Toutes les interventions constructives que vous ferez contribueront à forcer les compagnies d'alimentation à offrir de meilleurs produits pour la santé.

LE POIDS DE MAINTIEN : dès que les résultats sont atteints, il vous faut maintenir le poids désiré en ajustant quelque peu vos nouvelles habitudes. Il n'est pas question de perdre davantage de poids ou de reprendre le poids perdu. C'est là le plus grand défi : le maintien du poids. On peut comparer la situation à la dépendance à la nicotine : il est beaucoup plus facile de cesser de fumer que de rester non-fumeur. Alors soyez vigilant. Pesez-vous régulièrement. Il est plus facile de perdre à nouveau quelques kilos que de perdre 10 (22 livres) ou 15 kilos (33 livres). Rappelez-vous constamment les efforts que vous avez fournis. Souvenez-vous que vous êtes vulnérable.

QUELQUES RECETTES SUPPLÉMENTAIRES

La règle de UN : il s'agit d'une règle très simple que je recommande fréquemment à mes patients. Les résultats à moyen et long terme sont étonnants.

Gérer un repas à la fois et non 5 ou 10 kilos à perdre. L'exercice consiste à prendre pour chaque repas une décision sur la quantité et la qualité des aliments qui répondent à vos besoins tout en satisfaisant le plus possible votre faim. Rappelez-vous que la quantité importe peu si vous mangez des aliments à faible teneur en calories.

Imaginons la situation suivante où vous avez coutume de préparer un repas selon votre recette habituelle : *une tranche de roast beef arrosée de sauce avec pommes de terre et légumes; une ou deux tranches de pain blanc avec beurre. Le tout couronné de votre dessert préféré*. Demandez-vous si vous avez faim pour tout ça. Ou s'agit-il tout simplement d'une envie de manger?

Prenez conscience de tout ce que vous mangez. Avec toutes les connaissances que vous avez acquises vous n'aurez pas de difficulté à modifier quelque peu votre recette ou si vous aimez mieux votre vieille habitude. N'hésitez pas à remplacer un aliment par un autre moins *riche*. Sans pour autant perturber votre repas. Peut-être opterez-vous pour plus de légumes à la place des pommes de terre. Le pain est-il nécessaire? Y a-t-il moyen de trouver un dessert plus nutritif au sens qualitatif du terme. Quelques centaines de calories épargnées ici et là feront toute la différence sur la balance. Sans trop vous imposer des privations, il va sans dire.

Vous vous trouvez au restaurant avec des amis : le menu du jour comporte plein de bonnes choses. Posez-vous les mêmes questions. Et n'hésitez à le modifier à votre convenance. C'est vous qui payez après tout. Gardez le contrôle sur votre alimentation.

Changez une habitude à la fois c'est plus facile. Vous avez décidé de régler votre problème de gourmandise avec les friandises ou les desserts. Évaluez vos capacités et les moyens dont vous disposez pour y arriver. Prenez votre temps, il n'y a rien qui presse. Rappelez-vous qu'on ne bouscule pas facilement 20, 30 ou 40 ans d'habitudes. Réapprenez à manger sainement, adaptez votre alimentation aux changements physiologiques qui s'opèrent en vous.

Prenez la bonne habitude de manger quand vous avez faim. Si l'heure du repas approche, manger un fruit étanchera votre faim et vous évitera de bouffer sans retenue au moment de passer à table. Équilibrez votre assiette en suivant les recommandations de tout bon guide alimentaire, à savoir : ½ légumes pour ¼ de viande et ¼ de féculents. Manger suffisamment de fibres alimentaires. Buvez 6 à 8 verres de liquide par jour. Attention aux calories dans les breuvages. Achetez-vous quelques bons livres de recettes bien équilibrées. Et surtout n'oubliez pas de faire de l'exercice pour *brûler* vos calories en trop. Tiens! Nous voilà rendu au prochain chapitre.

Rappelez-vous que le marché de l'alimentation est en constante évolution. Devenez un expert dans ce domaine et maître de votre nutrition. Enrichissez vos connaissances et découvrez de nouveaux plaisirs. Partagez ce que vous savez avec votre entourage. Augmentez l'estime et la confiance en vous. Améliorez votre qualité de vie; vous en valez la peine. Et surtout agissez maintenant si vous ne voulez pas taxer votre santé plus longtemps. Rappelez-vous que l'approche horizontale, progressive est nettement supérieure à l'approche verticale et son effet *yoyo*.

CHAPITRE 6

MODE DE VIE ET MALADIE : LA SÉDENTARITÉ

Les bienfaits du conditionnement physique – Les conséquences d'un manque de conditionnement physique – Ce qu'il faut savoir – *Les meilleurs exercices? – Le meilleur timing – Le cardio, qu'en est-il? – Les exercices d'assouplissement et de renforcement – Que dire de la musculation – Pour ce qui est de l'embonpoint – reconnaître quand ça ne va plus.*
Situations particulières et conditionnement physique *– Exercice et jeunesse – Exercice et âge avancé – Exercice et maladie – Exercice et réserve d'énergie – Exercice et activités de la vie quotidienne.*
Votre attitude face au conditionnement physique *– La motivation – La prise de conscience – recherche de solutions – un peu de créativité – Exercices appropriés* – **Causes d'échec.**

Pierre a 50 ans; il mène une vie sédentaire. Ses copains l'ont approché pour faire partie de l'équipe de hockey du bureau. L'invitation est tentante. Est-il en bonne condition physique?

Marielle et Jacques sont au début de la soixantaine. Ils sont retraités depuis deux ans. Ils jouent au golf deux fois par semaine sur un parcours peu vallonné. Marielle a éprouvé récemment des difficultés respiratoires lorsqu'elle a exercé son adresse sur un terrain accidenté. Elle se sentait essoufflée alors qu'elle se croyait en pleine forme.

Denis a 49 ans; il est inquiet de sa condition; son cœur battait à tout rompre lorsqu'il a dû courir à toutes jambes pour rattraper son bus.

Georgette a 76 ans, elle a été opérée pour une fracture de la hanche il y a un an. Même si son chirurgien l'a rassurée sur sa condition, elle avoue n'avoir jamais retrouvé toute son énergie et ses capacités.

Blanche ne sort plus; elle décline toute invitation depuis l'insuffisance cardiaque légère dont elle a été victime. Ses jambes ne la supportent plus...

La vie moderne a conduit l'homme à la sédentarité. L'Homo Erectus est devenu l'Homo Sedentarius; c'est-à-dire de l'homme debout, on est passé à l'homme assis. Les gens sont de plus en plus passifs. Une grande partie de leur corps est devenue presque immobile. Pour certains, seuls les bras et les jambes fonctionnent et cela, au ralenti. Les muscles ont perdu de leur force et de leur tonus. La résistance a diminué : le moindre effort engendre de la fatigue ou de l'essoufflement. L'être humain fait de moins en moins d'exercice dans un monde où les exigences physiques diminuent constamment. Notre comportement s'est greffé à la recherche incessante de facilité

Notre mode de vie a changé radicalement : l'auto a remplacé la marche tout comme l'escalier mobile et l'ascenseur ont supplanté l'escalier. La souffleuse, qui s'active toute seule, nous libère de tout pelletage. Même la télécommande de la télévision nous évite l'effort de nous lever pour changer de poste. On cherche les stationnements les plus rapprochés pour ne pas avoir à marcher trop longtemps. Notez les autos s'entasser aux portes d'entrée d'un centre d'achat alors que le reste du stationnement désert nous invite à la marche.

LES BIENFAITS DU CONDITIONNEMENT PHYSIQUE

La sédentarité est reconnue comme un facteur de risque de nombreuses maladies. Faire de l'exercice contribue à empêcher ou retarder le développement de plusieurs maladies latentes ou silencieuses. On a qu'à penser au diabète, à l'hypertension et à la maladie cardiaque artériosclérotique avec leurs conséquences néfastes sur la qualité de vie. L'exercice ponctuel diminue la tension artérielle et ralentit le rythme cardiaque. Il augmente également le tonus et la force musculaire. Il préserve la souplesse articulaire. Et Dieu sait comme on en a besoin en vieillissant. La plupart des activités de la vie quotidienne exigent de bonnes jambes. Donnons à notre corps tout ce qu'il faut pour nous supporter la vie durant.

Le conditionnement physique permet d'accéder en toute quiétude à une panoplie d'activités dont les exigences physiques sont nettement supérieures aux activités de base de la vie quotidienne. Pensons à tous les sports individuels ou de groupe, à la danse sociale ou à la danse exercice. D'excellentes façons d'agrémenter sa vie et de gérer son stress.

L'exercice augmente l'estime de soi : les muscles s'arrondissent et la taille s'amincit, un investissement non négligeable dans une société où l'apparence joue un rôle important. Les progrès enregistrés et la réalisation de certains objectifs contribuent également à cimenter la confiance en soi. La persévérance et la discipline ne sont-elles pas des atouts précieux à développer dans la vie de tous les jours?

LES CONSÉQUENCES D'UN MANQUE DE CONDITIONNEMENT PHYSIQUE

Les séquelles à long terme ne sont pas difficiles à prévoir : le champ d'activités physiques se rétrécit au fil des ans et la marge de manœuvre devient de plus en plus étroite face aux activités habituelles de la vie quotidienne. Condition catastrophique pour les cardiaques qui s'ignorent. Avec le temps, monter un escalier devient une corvée; l'essoufflement se manifeste au moindre effort; les jambes s'affaiblissent peu à peu; elles perdent force et souplesse accentuant encore un peu plus la sédentarité. Ça prend souvent un certain temps avant de se rendre compte de ses faiblesses étant donné que les exigences physiques de la plupart des activités essentielles sont souvent peu importantes et qu'elles restent longtemps inférieures aux capacités d'y répondre.

Il m'arrive souvent de traiter des patients pour des problèmes musculosquelettiques secondaires à une mauvaise condition physique. Dès qu'elles sollicitent ou surchargent une articulation qui ne travaille pas souvent, ces personnes s'étirent un muscle ou un tendon ou encore elles se tordent un ligament. Ramasser des feuilles en automne ou pelleter un peu de neige en hiver peut s'avérer pour certains le début d'un véritable calvaire. Il a été clairement démontré que les gens en bonne condition physique risquent moins de se courbaturer ou de se blesser.

Il faut vous préserver une marge sécuritaire pour répondre non seulement aux exigences physiques de base de votre univers mais aussi pour les demandes inhabituelles. Il nous arrive tous à l'occasion de faire des efforts brusques ou inattendus. Mettre de l'énergie en réserve peut vous éviter des désagréments lors d'activités plus dures. Vous administrez vos finances pour couvrir l'essentiel de vos besoins mais également pour répondre aux imprévus. Pourquoi ne pas investir de la même façon dans votre santé physique.

CE QU'IL FAUT SAVOIR

Les meilleurs exercices?

Au départ il faut reconnaître que presque toutes les activités physiques sont bonnes à condition qu'elles soient adaptées à votre âge et à votre état de santé. Il va de soi que les exigences seront moindres pour ces deux conditions particulières. Les activités physiques doivent répondre à vos besoins, vos goûts, votre rythme et vos aptitudes.

Le meilleur *timing*

Il faut faire de l'exercice tout le temps, c'est une façon, comme on l'a dit plus haut, de préserver sa santé et de maintenir une bonne qualité de vie. Les activités saisonnières ne sont pas suffisantes pour maintenir la forme. Faire de la bicyclette en été c'est excellent, mais il faut aussi prévoir des activités en *saison morte*. La plupart des gens s'enferment dans leur maison en automne, abandonnent leurs activités physiques et font de la graisse tout l'hiver. La mise en forme ne doit pas être conditionnelle aux saisons. C'est souvent durant ces *périodes creuses* que les gens auraient intérêt à rester actifs. On n'a qu'à penser aux rhumes qui nous guettent pendant la saison froide.

On respire l'air vicié de nos maisons alors qu'on devrait aller jouer dehors.

Quant à l'horaire, libre à chacun de le déterminer. L'idéal serait de convertir toutes les activités physiques de la vie quotidienne en exercices. Il faut que ça fasse partie du mode de vie; que ça devienne un automatisme. Quand on développe le réflexe de monter un escalier, on ne prend plus l'ascenseur ou l'escalier mobile. On dépense beaucoup d'énergie pour toutes sortes de choses souvent futiles. Pourquoi pas en faire autant pour sa santé tout simplement.

Et pour ceux et celles qui n'ont pas le temps... j'aime autant ne pas y penser, ça m'horripile. Je me souviens de cette patiente qui s'excusait pour tout et pour rien de ne pas avoir assez de temps. *Dites-moi comment sauver du temps docteur et je vous promets de faire de l'exercice...* L'occasion était trop belle pour ne pas en profiter. *Combien de temps prenez-vous pour vous maquiller et vous coiffer? m'empressai-je de lui demander.* Surprise par ma question elle me répondit que c'était important pour *son image et la santé de sa peau.* Je l'ai convaincue que si elle consacrait la moitié de ce temps pour faire de l'exercice, elle améliorerait sa condition physique, son estime d'elle-même et elle se préserverait davantage un air de jeunesse. Ma patiente marie maintenant ses soins corporels aux exercices physiques.

Le cardio, qu'en est-il?

Les activités dites cardiovasculaires ou aérobiques doivent respecter certains critères : on estime que des exercices de 30 à 45 minutes, quatre à cinq fois par semaine, à une fréquence maximale prédite de 80 % correspondraient minimalement à ces exigences. Quand on parle de fréquence cardiaque, on parle du nombre de pulsations cardiaques à la minute. Voici comment on calcule la fréquence maximale prédite:

$$F = (220 - \text{âge}) \times 80\ \%$$

Imaginons que vous avez 40 ans; alors votre fréquence maximale prédite sera de :

$$F = (220 - 40) \times 80\ \%$$
$$F = 180 \times 80\ \%$$
$$F = 146$$

Alors pour répondre aux exigences d'un conditionnement physique aérobique il vous faudra faire des exercices à raison de 146 pulsations cardiaques à la minute pendant 30 à 45 minutes et cela quatre à cinq jours semaine. Pour ceux qui ne sont pas en bonne condition physique pour quelque raison que ce soit, la prudence est de rigueur. N'hésitez pas à consulter votre médecin pour obtenir son avis. La course, le jogging et la bicyclette sont recommandés pour ce type de conditionnement.

Il est à noter qu'il n'est pas toujours facile de calculer adéquatement ses pulsations cardiaques durant un exercice aérobique pour demeurer dans les limites sécuritaires. Il est conseillé de vérifier si l'essoufflement vous empêche de maintenir une conversation. Réduisez alors votre rythme jusqu'à ce que vous retrouviez l'usage de la parole. Ne poussez pas la machine à l'extrême, vous n'en retirerez pas plus de bénéfices. Allez-y progressivement, il n'y a pas de presse.

Les exercices d'assouplissement et de renforcement

Il y a des exercices d'assouplissement et de renforcement qui assurent une bonne condition musculaire, essentielle au maintien d'une activité posturale adéquate et à tout effort physique. Beaucoup de personnes d'un certain âge s'adonnent à ce type d'entraînement afin de se préserver une liberté de mouvement et une stabilité posturale.

Que dire de la musculation

L'image corporelle ne touche pas seulement le sexe féminin. De plus en plus de magazines de mode nous montrent des mannequins mâles aux contours musculaires bien découpés. Attention à votre empressement de devenir monsieur muscle. Les revendeurs de stéroïdes anabolisants vous ont à l'œil. Ne vous laissez pas impressionner par toutes leurs promesses. Vous vous en mordrez les lèvres quand vous en vivrez les conséquences.

Pour ce qui est de l'embonpoint

En ce qui concerne les problèmes d'embonpoint et d'obésité, il ne faut pas compter sur l'exercice seul pour perdre du poids. Les gens qui font de la bicyclette stationnaire avec cadran indicateur de calories savent pertinemment que ça prend passablement d'efforts pour perdre 350 à 400 calories. Or, comme une livre compte 3500 calories, calculez le nombre de jours d'exercices intensifs que ça prendrait pour perdre le nombre de livres désiré. Pour ceux qui sont intéressés il existe des chartes qui répertorient les dépenses énergétiques liées à chaque activité physique que ce soit dans le sport ou au travail. L'exercice permet d'éviter la fonte musculaire lorsqu'il y a une perte rapide de poids.

Reconnaître quand ça ne va plus.

En faisant du conditionnement physique, il est impératif de reconnaître certains symptômes qui peuvent être révélateurs de la condition de sa santé. Les douleurs à la poitrine, les palpitations, les étourdissements et les essoufflements inhabituels doivent allumer une lumière rouge. Il ne faut pas hésiter à consulter son médecin. De même qu'il ne faut pas hésiter à demander l'avis d'une personne compétente pour savoir quel type de conditionnement vous convient. Rappelez-vous qu'il ne faut pas se fier à son apparente bonne santé.

SITUATIONS PARTICULIÈRES ET CONDITIONNEMENT PHYSIQUE

Exercice et jeunesse

On dit que tout commence dans l'enfance. Période de la vie où s'enracinent les bonnes comme les mauvaises habitudes. On dit que la jeunesse est influençable même si elle manifeste souvent son indépendance. Le jeune a soif du savoir. Il veut tout connaître même s'il donne l'impression d'être détaché de l'enseignement des aînés. Pourquoi ne pas chercher des façons agréables de l'intéresser à l'activité physique. Il ne s'agit pas de faire de votre enfant un athlète professionnel, mais plutôt un adulte en devenir qui pourra faire de l'exercice en toutes saisons dans les disciplines sportives de son choix. Vous avez comme parents de grandes responsabilités vis-à-vis votre progéniture. Donnez l'exemple à vos enfants. Cessez de leur dire quoi faire. Impliquez-vous dans ce qu'ils font. Trop de parents s'en remettent à l'école pour parfaire l'éducation de leurs enfants. Excuse facile pour se soustraire de ses responsabilités. Amenez vos jeunes jouer dehors, au lieu de les laisser s'écraser devant l'ordinateur. Ils ne demandent qu'à vous suivre. Ensemencez de l'intérêt pour le conditionnement physique et ils en récolteront une meilleure santé physique et mentale. Vous vous souvenez des bienfaits du conditionnement physique.

L'école doit retrouver ses lettres de noblesse dans l'éducation physique. Pourquoi ne pas enseigner l'anatomie, la physiologie et l'histoire des sports pratiqués. Pourquoi ne pas faire quelques exercices en classe avant chaque cours. Trouvez de nouvelles façons d'associer danse et exercices, musique et exercices, arts et exercices, rencontres sociales et exercices. Encore là il faut des intervenants intéressés, des éducateurs qui y croient et qui soient créatifs.

Exercice et âge avancé

Ne suis-je pas trop vieux docteur pour faire de l'exercice? La plupart des gens perdent davantage leurs capacités physiques par l'inactivité et la maladie que par le vieillissement. On connaît tous des aînés qui ne paraissent pas leur âge chronologique, des personnes actives sans pour autant être des sportifs. Des gens qui savent se préserver un souffle de jeunesse en exploitant le maximum de leur condition physique. La vie nous donne tous les jours des exemples de personnes du même âge avec des capacités physiques très différentes simplement parce qu'elles sont restées actives. Des gens qui se gardent une marge de manœuvre en cas d'efforts imprévus et soudains.

Il n'est pas étonnant de voir de plus en plus de personnes âgées devenir ankylosées, des gens qui perdent leurs capacités physiques par inactivité chronique. Leurs membres perdent souplesse et force et leur seuil de tolérance à l'effort se rétrécit. Et lorsque survient un effort inhabituel, même léger, ils sont incapables de le faire sans éprouver des palpitations et des essoufflements. Pour plusieurs, monter un ou deux escaliers devient problématique. Sans parler des douleurs musculaires désagréables qui affectent le dos, les épaules et les jambes lors de travaux ménagers. L'inactivité réduit les capacités, et plus une personne en perd plus elle devient sédentaire. C'est le cercle vicieux du déconditionnement. Faire de l'exercice adapté à son âge et à sa condition, voilà une façon judicieuse de se garantir une bonne qualité de vie et une vieillesse active. Ne vous arrêtez pas de grouiller sous prétexte que vous êtes trop vieux! La performance n'a aucune importance. Il faut savoir qu'on ne peut rien faire pour changer son âge chronologique mais on peut faire beaucoup pour améliorer son âge physiologique, celui qui correspond au vieillissement réel de l'organisme.

Et pour les moins vieux, ne cherchez pas à retrouver votre jeunesse en pratiquant des sports ou des activités qui lui sont réservés. À l'approche de la saison hivernale je dois souvent rappeler à certains patients qu'il peut être dangereux de jouer au hockey à plus de quarante ans, ou de dévaler une pente d'expert sans y être bien préparé.

Si vous êtes un *baby-boomer* qui lorgnez du côté de *liberté 55,* ne croupissez pas dans la paresse. La rouille vous guette et votre bedaine risque de s'arrondir. La retraite favorise l'inertie qui mène au déconditionnement physique et à l'ankylose. Prenez conscience que vous quittez une période active de votre vie pour une invitation à l'oisiveté. Il vous faut conserver sinon augmenter la somme des activités physiques que vous faisiez durant le travail. La façon que vous retiendrez de vous en acquitter et le rythme qui vous plaira vous appartiennent. Réfléchissez à la somme d'énergie que vous dépensez aujourd'hui par rapport à celle que vous brûliez en milieu de travail. Faites de l'exercice pour compenser cette perte. Vous avez le loisir de le faire quand vous voulez et comme vous le désirez.

Exercice et maladie

Encore une fois, pourquoi attendre que la fatalité ne frappe avant de réagir. Je suis toujours attristé de rencontrer des patients qui me répètent dans leur malheur : *Docteur, j'aurais dû prendre soin de ma santé...* C'est la catastrophe lorsque la maladie frappe.

Il est possible de se garder en forme pour prévenir ou retarder l'apparition de certaines maladies. Vous pouvez également améliorer votre condition physique quel que soit votre état de santé. L'exercice favorise la guérison. Les patients qui se gardent en bonne condition récupèrent plus facilement et plus rapidement d'une maladie ou d'un accident. Il a été démontré qu'ils remontent plus aisément la pente s'ils préservent leur condition physique. La convalescence est moins longue et la réhabilitation moins ardue. Il faut faire de l'exercice pour recouvrer le plus possible les capacités perdues par la maladie ou par un accident.

De même qu'il faut se mettre en condition physique avant une intervention chirurgicale, pourquoi ne pas créer des conditions favorables à l'anesthésie et à la réhabilitation. Ce n'est pas parce qu'une partie du corps est blessée ou inanimée que tout le reste doive rester immobile. J'invite mes patients à se mettre le plus possible en condition physique avant une opération. Vous devez avoir une chirurgie à une épaule ou à un genou? Pourquoi ne pas faire de l'exercice pour prévenir la fonte musculaire et favoriser la récupération. Ce n'est pas pour rien que dès le lendemain d'une opération on lève les patients et on les encourage à s'activer progressivement afin d'éviter les conséquences dévastatrices de l'inertie.

Qui n'a pas eu à se soumettre à un programme d'exercices pour retrouver la force d'un membre blessé ou la souplesse d'un dos en compote. Quelle horreur de se voir diminué. Les patients n'hésitent pas à consulter pour récupérer au plus tôt les capacités perdues. Ils sont réceptifs à n'importe quel traitement ou effort qui leur permettra de recouvrer leur forme. Il est donc facile de comprendre qu'on peut récupérer, en tout ou en partie, une condition perdue lors de maladie ou lors de déconditionnement physique. Ne sombrez pas dans les excuses de paresse et de facilité. Même si un accident de parcours survient, il n'est jamais trop tard pour faire les bonnes choses.

Regardez certains amputés participer aux jeux olympiques alors que d'autres s'adonnent à la peinture avec leur bouche. N'y a-t-il pas matière à réflexion? Des personnes qui ont perdu beaucoup de capacités et qui sont privées d'une qualité de vie que vous avez déjà. Elles ont su développer leurs habiletés restantes. Il y a des gens qui sont tellement inertes qu'ils se comportent comme des invalides, alors qu'il y a des handicapés qui en font plus que des gens en bonne santé.

Je connais plusieurs patients qui m'ont rapporté être en meilleure forme physique après leur crise cardiaque. Ça leur a pris un événement dangereux et risqué pour comprendre qu'ils se devaient d'investir dans leur santé physique. Heureusement qu'il y en a encore plusieurs qui s'en tirent à bon compte et qui apportent des changements à leurs comportements erratiques.

Exercice et réserve d'énergie

J'ouvre ici une parenthèse pour insister sur cette notion de réserve d'énergie. La plupart des gens vivent bien en deçà de leurs capacités fonctionnelles physiologiques, c'est-à-dire les capacités maximales qu'ils pourraient atteindre, en améliorant leur forme physique, et cela quel que soit leur âge et leur état de santé. On en a glissé quelques mots au paragraphe précédent.

Il faut faire de l'exercice pour se préparer à certaines situations inhabituelles. Le cœur et les articulations ne souffriront pas d'une réserve énergétique déficiente en pareilles circonstances. On a tous connu des gens foudroyés par une crise cardiaque alors qu'ils s'adonnaient à une activité physique inhabituelle, qualifiée souvent de légère à modérée. Ces mauvaises surprises se produisent tous les jours chez des gens qui paraissent pourtant en bonne santé. Ils vaquent sans difficulté à leurs activités habituelles de la vie quotidienne jusqu'au jour où survient un événement inhabituel comme pelleter de la neige, par exemple. Leur cœur ne répond plus à l'appel et ils font une crise cardiaque.

Que dire maintenant des gens en piètre condition physique qui sont terrassés par la maladie. Il ne leur reste même plus de réserve pour vaquer à leurs activités de base de la vie de tous les jours. Quel triste constat.

Exercice et activités de la vie quotidienne

Pourquoi ne pas reprendre possession de tout votre être le matin et bien huiler la machine avant qu'elle ne se mette en marche. Quelques minutes d'exercices vous suffiront pour activer la circulation et dégourdir les articulations qui ne répondent pas. Les résultats sont immédiats et les effets durables la journée durant. Beaucoup de gens connaissent les bienfaits d'un plein d'énergie avant de commencer leur journée.

Excellente façon également de préparer votre corps à des exigences physiques inconfortables ou inhabituelles. Qui n'a pas connu de malaise au dos ou aux épaules à la suite d'efforts inhabituels ou de postures prolongées. Souvenez-vous des courbatures, le lendemain de travaux autour de la maison. Ou des points à la base du cou, lorsque vous êtes branché trop longtemps sur l'ordinateur. Pourquoi ne pas prévenir ces affections désagréables par de l'exercice régulier et adapté?

Les sportifs réchauffent leurs muscles avant de se lancer dans l'action. Pourquoi ne pas en faire autant avant de vous élancer vigoureusement dans toutes sortes d'activités physiques? L'une de mes patientes rapportait moins de fatigue au travail depuis qu'elle garde la forme. Ses doigts sont rivés sur le clavier de l'ordinateur toute la journée. Elle a vu disparaître ses douleurs musculaires depuis qu'elle suit un programme d'exercices appropriés. Elle n'a ensuite qu'à soulager les tensions qui se pointent par quelques mouvements de détente. Elle connaît les exigences de son travail et sait maintenant y faire face. Le travail ne représente-t-il pas la moitié de votre vie active? Raison valable de vous garder en bonne condition physique.

Qui n'a pas souffert de traumatismes ou d'affections mineures à cause d'un manque d'entraînement? Les sportifs comme les athlètes de la besogne ne devraient-ils pas se préparer physiquement s'ils ne veulent pas souffrir d'entorse, d'élongation musculaire ou de tendinite? Beaucoup de gens risquent des désagréments de toutes sortes à faire des travaux saisonniers ou à pratiquer des activités inhabituelles. La plupart attribue leurs problèmes à leur âge... et non au déconditionnement physique de l'automne et de l'hiver précédents. *Vous savez, docteur, à mon âge...* Ces personnes ne réalisent pas qu'elles ont tout simplement perdu la forme à cause de leur vie sédentaire. Elles ont abandonné l'exercice qui leur assurait une certaine protection contre les accidents. Et lorsque survient un problème quelconque elles sombrent davantage dans l'immobilisme. Rappelez-vous également que le cœur et les articulations ne souffriront pas longtemps d'une réserve énergétique insuffisante.

On a parlé des bienfaits d'une bonne condition physique pour faire face aux exigences du travail. L'arrêt de travail pour quelque raison que ce soit doit commander également un programme de mise en forme afin d'éviter l'ankylose. Observez les joueurs de hockey en fin de saison : ils sont en excellente condition physique. Malheureusement, après un été de repos, ils doivent bûcher fort pour retrouver la forme. Souvenez-vous qu'arrêt de travail pour quelque raison que ce soit ne veut pas dire ne rien faire.

Il faut se préparer pour les voyages exigeant de nombreux déplacements pour les visites organisées. Le personnel des compagnies aériennes enseigne quelques exercices à faire durant un long parcourt afin d'éviter la fatigue et la stase veineuse. Il faut y songer.

VOTRE ATTITUDE FACE AU CONDITIONNEMENT PHYSIQUE

Si vous décidez de faire de l'exercice parce que vous jugez que c'est important pour vous, prenez alors quelques instants pour réfléchir à la démarche que je vous propose.

La motivation

Comme toute activité qui exige un effort, le conditionnement physique doit passer par une bonne motivation. Au risque d'être redondant une fois de plus, je vous rappelle mon étonnement de voir certaines personnes attendre la survenue d'un événement majeur dans leur vie avant de réagir. Ils se mettent à faire de l'exercice après un infarctus du myocarde ou cessent de fumer après qu'on leur eut découvert un cancer du poumon. On se croirait en présence d'enfants qui ont besoin d'une punition pour comprendre.

Certains trouvent également leur motivation dans la peur lorsque le poids de leur âge se fait sentir ou lorsqu'ils réalisent chez leurs semblables les conséquences d'une négligence prolongée de leur santé. Ils prennent conscience de leur vulnérabilité et changent aussitôt leur mode de vie.

D'autres réalisent tout simplement qu'il est possible d'améliorer sa qualité de vie. Des gens qui veulent agrandir leur univers et qui font tout pour se donner ce bonheur.

Si la personne la plus importante de votre vie vous demandait 25 minutes de votre temps, 4 fois par semaine, pour améliorer sa qualité de vie, que répondriez-vous? Je suis sûr que vous n'hésiteriez pas un instant à répondre à son appel. Combien de fois n'entendez-vous pas dire : *Je donnerais ma vie pour lui...* Pourquoi ne pas vous donner ce second souffle. N'êtes-vous pas la personne la plus importante de votre vie?

La motivation de départ doit être entretenue par les effets bénéfiques de l'exercice. Prenez conscience des bienfaits du conditionnement physique sur votre santé et votre qualité de vie. Imposez-vous de petits défis et de nouveaux objectifs, soyez fier des résultats. Faites comme les jeunes : trouvez-vous des modèles. Notez dans votre agenda quelques pensées positives, des idées qui vous stimulent et qui vous poussent à l'action. La motivation doit se renouveler constamment. Elle doit servir d'ancrage à une action soutenue et prolongée. Rappelez-vous son pouvoir incitatif. Nourrissez-vous-en chaque fois que vous vous sentez ramollir. Trouvez vos propres motivations.

La prise de conscience

Vous êtes tous d'accord, je l'espère, pour dire que le déconditionnement physique affecte considérablement votre qualité de vie. Il réduit votre univers en vous confinant à une vie casanière. Prenez un instant pour réfléchir aux activités physiques que vous ne faites plus ou que vous voudriez faire mais que vous ne pouvez plus faire à cause d'un manque de conditionnement physique. Vous serez étonné de voir toutes les belles occasions d'activités que vous perdez...

Beaucoup de gens voient leurs capacités diminuer après un automne et un hiver inactifs. Cessez vos activités physiques et vous perdez rapidement la forme. Vous ne pouvez pas rester au même point. C'est le propre du changement. Les gens abandonnent peu à peu leurs loisirs pour le fauteuil moelleux. Inscrivez tout de suite dans votre *miroir de salle de bain* que le conditionnement physique doit faire partie de votre mode de vie pour une meilleure qualité de la vie.

Arrêtez-vous un instant pour faire le point sur votre condition physique. Je vous suggère de tenir un journal sur vos activités physiques au cours d'une journée, d'une semaine, d'un mois ou d'une saison. Vous serez sûrement étonné de voir que vous en faites peu ou que si vous en faites beaucoup, c'est dans un court laps de temps. Ce sont les activités saisonnières. Profitez-en aussi pour noter les activités qui vous demandent des efforts tant du point de vue cardiorespiratoire que du point de vue musculaire. S'agit-il d'activités habituelles minimales de la vie quotidienne ou d'activités inhabituelles peu intensives? Dressez la liste des activités que vous ne faites plus ou que vous voudriez faire. Vous serez peut-être surpris de réaliser jusqu'à quel point vous avez perdu beaucoup de capacité par déconditionnement physique.

Rappelez-vous qu'à 20 ans, on fait du sport de compétition, et qu'à 50 ans, on le fait pour sa santé. On parle de quotient intellectuel et d'intelligence émotionnelle. Quel est votre quotient physique? Le développez-vous à votre juste mesure. Souvenez-vous qu'il n'y a qu'un Tiger Wood au golf; qu'un Bill Gates, milliardaire en affaires, qu'un Monet ou un Renoir en peinture, tout comme un Beethoven ou un Mozart en musique. Mais il y a plein de gens comme vous et moi qui s'adonnent à leurs activités simplement par plaisir et souci d'améliorer leur qualité de vie. Jamais ils n'atteindront le sommet de ces vedettes. Le surpassement sera leur prix de consolation.

Recherche de solutions

Bravo! Je vous sens motivé. Vous avez pris conscience des bienfaits du conditionnement physique sur votre bien-être. Vous êtes décidé d'améliorer votre qualité de vie. Mais comment vous engager dans une voie aussi séduisante sans pour autant vivre toutes sortes de contraintes et frustrations? Rappelez-vous qu'il vous faut trouver une mise en forme adaptée à votre condition physique, à votre âge, à vos disponibilités et à vos moyens financiers. Les beaux centres sportifs ne sont pas à la portée de tous. Voyons comment il est possible de garder la forme avec un minimum d'investissement.

Un peu de créativité

Comment peut-on transformer certaines activités de la vie quotidienne en exercices de conditionnement physique? On revient une fois de plus à la case départ : on vit une journée à la fois. Il faut tout ramener à sa plus simple expression. On l'a vu dans le contrôle du poids : il faut gérer un repas à la fois. C'est le secret de la réussite. Il en est de même pour la mise en forme. Il faut réfléchir au quotidien avant de faire des projections à long terme. La créativité répondra sûrement aux besoins de variété. Elle empêchera la monotonie de s'installer, cause fréquente de démotivation.

Voyons quelques recettes efficaces : plusieurs activités routinières se prêtent bien à l'exercice : on n'a qu'à penser à l'autobus qu'on peut prendre à quatre coins de rue de chez soi, au lieu de toujours le prendre devant la maison. Pourquoi ne pas monter l'escalier au lieu de prendre l'ascenseur ou l'escalier mobile? Se stationner loin de l'entrée d'un centre d'achat présente un avantage certain au niveau de la marche rapide. L'eau du lac et de la piscine ne doit pas juste servir de rafraîchissement. Il faut nager ou faire un peu d'aquaforme. Je suis toujours estomaqué de voir qu'on préfère la trempette à l'exercice. Il n'y a pas meilleur endroit pour se délasser et assouplir les articulations rigides. Pelleter un peu de neige à son rythme peut devenir une activité physique agréable et une bonne occasion de respirer de l'air pur. Même si vous ne pouvez plus jouer au hockey, ne raccrochez pas pour autant vos patins. Et tandis que vous y êtes, pourquoi ne pas découvrir, à pied, votre patelin ou votre ville. Fixez-vous des objectifs. Impliquez vos amis, votre famille. Faites-vous, si vous le pouvez, un petit coin exercice à la maison. Achetez-vous des cassettes de mise en forme.

Amusez-vous à trouver des façons de transformer votre vie active en exercices afin que le conditionnement physique devienne un mode de vie. Et qui dit mode de vie, dit habitudes bien ancrées. Il faut que les nouveaux comportements que vous adoptez deviennent des automatismes, mais cette fois-ci, des automatismes qui soient bons pour votre santé et votre qualité de vie. Cherchez des solutions autour de vous, près de vous. Elles sont là; découvrez-les. Je me souviens d'un jeune toxicomane à l'allure athlétique qui me consultait pour mettre un terme à sa dépendance à la marijuana et au haschich. Pour ce faire, je l'ai encouragé à recourir à une drogue naturelle apaisante qu'on appelle endorphine et qui est sécrétée par le cerveau après un certain niveau d'entraînement aérobique. Mon patient fait maintenant partie d'une élite athlétique. Il ne peut plus se passer de cette nouvelle drogue…

Exercices appropriés

J'insiste à nouveau pour vous répéter qu'il est impératif d'adapter le conditionnement physique à votre âge et à votre condition médicale. L'exercice doit vous aider et non vous nuire. Une consultation auprès d'un professionnel de la santé peut dissiper beaucoup de doute quant à vos capacités. La mise en forme doit être agréable et variée comme un bon repas. On doit alterner les activités pour qu'elles ne deviennent pas ennuyeuses. Ramasser des feuilles pendant une demi-journée équivaut certainement à 20 minutes de jogging. Il est important également que les activités que vous choisirez répondent à vos besoins particuliers et à des objectifs réalistes.

La première étape de cette démarche consiste à vérifier dans votre quotidien quelles sont les activités que vous pouvez convertir au profit de votre santé. En dresser une liste exhaustive vous permet de voir la part de l'activité physique dans votre vie et la place de l'exercice dans votre journée. Faites-le avec le même soin que vous le faites quand vous planifiez l'heure des repas et le menu à concocter. À chacun de trouver la façon d'y parvenir.

Pour déterminer quel type de conditionnement physique particulier vous voulez entreprendre, vous devez vous poser quelques questions. Voulez-vous d'un conditionnement aérobique ou non? Seul ou en groupe? Avec ou sans appareil? À quel rythme et à quelle fréquence? Quelles sont les ressources dont vous disposez pour mettre en branle votre projet? Quels sont les outils à votre disposition pour faire face aux changements de saison? Quelle variété voulez-vous donner à vos activités pour ne pas perdre votre motivation? Voulez-vous les intégrer à des activités sportives ou à des activités sociales comme la danse sociale et le bowling, par exemple? Voulez-vous faire du conditionnement physique chez vous, à l'extérieur ou dans un gymnase?

Après avoir choisi judicieusement les activités qui respectent vos goûts, vos capacités et vos disponibilités, planifiez-les maintenant, suivant les jours et les saisons afin de ne pas perdre le rythme et l'intérêt. Il faut garder à l'esprit qu'il ne s'agit pas de performer mais bien d'améliorer votre état de santé et votre bien-être tout en vous amusant. Et la meilleure façon d'y arriver, c'est d'être à l'écoute de votre corps afin de déterminer, sans danger, votre tolérance à l'effort et les émotions que vous ressentez.

Toute démarche sérieuse nécessite une étape de vérification des résultats : à quel niveau en êtes-vous? Êtes-vous satisfait? Avez-vous toujours la même motivation? Qu'y a-t-il à corriger, à améliorer? Avez-vous atteint vos objectifs? Êtes-vous prêt à augmenter l'intensité, à aller plus de l'avant?

Toutes ces réflexions ont l'avantage de vous garder en contact avec vous-même dans une démarche de croissance personnelle.

CAUSES D'ÉCHECS

Malgré toute la bonne volonté du monde, il arrive parfois qu'on mette fin à des projets intéressants. Il ne faut surtout pas se leurrer par des excuses, mais chercher honnêtement les causes de l'abandon. Il ne faut pas avoir peur de se parler pour se dire les vraies choses. S'agit-il d'une perte de motivation ou tout simplement de paresse?

Il ne faut pas abdiquer devant l'échec mais s'en servir pour grandir. Il n'y a pas de honte à recommencer.

Il faut rester en bonne condition physique, tout comme on doit rester non-fumeur et à son poids santé. Quelle que soit votre condition physique, ne soyez pas l'*Homo Assiensis*. Bougez, faites de l'exercice. Goûtez au plaisir de vivre en forme.

CHAPITRE 7

MODE DE VIE ET MALADIE : LE TABAGISME

Ce qu'il faut savoir – Stratégie pour cesser de fumer
–La motivation – Fixez-vous des objectifs
– Des outils pour vous aider – Changez vos habitudes.
Stratégies pour rester non-fumeur – *La motivation*
– Pour contrer la tentation – L'imagerie mentale.
Causes d'échec.

Marcel souffre de bronchite chronique et d'emphysème. Il a fumé des légères toute sa vie. Il croyait qu'elles étaient moins dommageables pour la santé.

Sophie a cessé de fumer à plusieurs reprises. Elle n'a jamais tenu le coup. Elle pensait s'attaquer à une mauvaise habitude et non à une toxicomanie.

Jean-Paul croit mordicus que s'arrêter de fumer n'est qu'une question de volonté. Il n'a pu résister plus de trois jours. Sa bonne volonté l'a lâché.

Céline a cessé de fumer sans aide. Elle en est à son cinquième mois. Elle a pu économiser un peu d'argent pour s'acheter de nouveaux vêtements, sa taille s'est arrondie de quelques centimètres, car elle a gagné 25 livres (près de 12 kilos).

Denis n'a pu résister à l'envie de fumer une ou deux cigarettes par jour après un an d'abstinence, au bout d'une semaine il fumait à nouveau son paquet de cigarettes.

Annie suit une thérapie pour se débarrasser de sa dépendance au tabac. Ses efforts sont couronnés de succès : elle ne fume plus depuis 6 mois. Sa motivation est toujours aussi forte.

Pourquoi parler encore de tabagisme alors que tout a été dit. Malheureusement, il y a encore trop de fumeurs qui souffrent des effets nocifs de la cigarette. Personne n'ignore qu'elle est responsable de 30 % des maladies cardiaques, 85 % des cancers pulmonaires, 85 % des maladies pulmonaires obstructives chroniques, sans compter les agressions sur le système immunitaire et l'asphyxie progressive de votre entourage. Vous n'ignorez pas que les otites, ces maux d'oreilles qui torturent les enfants proviennent souvent de la fumée de cigarette. À chaque fois que vous ouvrirez un paquet de cigarettes prenez le temps de regarder les images dégueulasses qui vous rappellent les effets délétères de la cigarette sur votre santé.

Je voudrais également attirer votre attention sur la qualité de vie : avoir les dents blanches, le teint clair, ne pas puer ni empester votre entourage. N'êtes-vous pas tanné de tousser, cracher ou chercher votre air en montant un escalier? N'en avez-vous pas assez d'être obligé de sortir dehors en hiver, ou de vous cacher dans une toilette pour tirer un joint de nicotine?

Prenez le temps de vous observer du coin de l'œil entre deux *puffs* de cigarette. Réfléchissez à vos comportements. Ne voulez-vous pas améliorer votre bien-être et donner le bon exemple à vos enfants? Il existe des moyens très efficaces pour vous débarrasser de cette dépendance. Ce n'est pas facile, mais vous êtes certainement aussi capable que quelqu'un de votre entourage qui l'a fait. Tentez le coup, ça en vaut la peine. Demandez à vos connaissances qui ont cessé de fumer de vous parler des bénéfices qu'ils en retirent.

De nombreux patients me rapportent avoir gagné beaucoup d'estime et de la confiance en eux. Tous se réjouissent d'une meilleure respiration. Plusieurs retrouvent le goût du conditionnement physique et du sport. Dans tous les cas, chacun retrouve quelque chose qu'il a perdu, que ce soit une bonne haleine, le goût des aliments, ou encore simplement la joie de s'être débarrassé d'une dépendance.

CE QU'IL FAUT SAVOIR

Il y a des choses qu'il ne faut pas ignorer quand on fume. Sachez d'abord que les fumeurs informés augmentent leurs chances d'arrêter de fumer. N'êtes-vous pas étonné d'apprendre qu'il y a plus de 3500 substances chimiques dans la fumée du tabac? J'ai bien dit 3500, ça fait pas mal de saletés à chaque bouffée de cigarette, n'est-ce pas? Les plus toxiques sont : le goudron, la nicotine, le monoxyde de carbone, la formaldéhyde, l'acide cyanhydrique et la benzène. Ouach! Quel poison!

La dépendance à la nicotine s'apparente à celle de la cocaïne et de l'héroïne. Révélations troublantes pour ceux et celles qui croient encore que la cigarette n'est qu'une mauvaise habitude. On estime que ça prend environ 9 cigarettes par jour pour être *accroc* de la nicotine. Toutes les autres cigarettes que vous fumez durant la journée sont des cigarettes enchaînées à des habitudes comportementales bien ancrées. Vous connaissez les associations tenaces de la cigarette avec le café, les repas, les conversations téléphoniques, la télé, etc. Quant à la quantité de cigares ou de pipes que ça prend pour développer une dépendance, je n'ai pas de référence à ce sujet.

Il est faux de croire que la fumée du tabac ne présente pas de danger pour les non-fumeurs. Il a été clairement établi qu'elle contient de nombreuses substances toxiques et cancérigènes qui peuvent affecter la santé d'un non-fumeur. Pensez aux malades et aux enfants qui subissent la fumée des autres. Heureusement qu'il y a une législation pour préserver des endroits publics sans fumée.

Saviez-vous que la nicotine traverse votre palais pour se rendre au cerveau en moins de 10 secondes. Elle stimule la sécrétion de dopamine, l'hormone du plaisir. De là, l'association cigarette, détente et plaisir.

Les mythes entourant la cigarette sont difficiles à déraciner. Prétendre qu'il est facile de cesser de fumer est une utopie. La plupart des fumeurs font quelques tentatives infructueuses avant d'arrêter pour de bon. Pour plusieurs, il s'agit d'habitudes bien implantées depuis de nombreuses années. Ça ne se change pas du jour au lendemain. Il faut se préparer avec sérieux, établir une bonne stratégie. Ne prenez pas ça à la légère si vous voulez réussir.

Si vous voulez vous débarrasser de cette dépendance, alors suivez-moi. Nous allons mettre en branle certaines stratégies efficaces. Et pour ceux qui n'ont pas ce problème, peut-être serez-vous intéressés à partager vos connaissances avec une personne de votre entourage qui est aux prises avec ce fléau. Sortez votre stylo et répondez à ces questions.

Répondez franchement : combien de cigarettes fumez-vous en moyenne par jour? Depuis combien d'années? Dans quelles circonstances fumez-vous? Au bureau, à la maison, dans un party ou quand vous êtes stressé? Chacun a ses raisons de fumer. Écrivez les vôtres. Prenez votre temps, c'est important.

Avez-vous déjà cessé de fumer? Combien de fois? Pendant combien de temps? Pour quelle raison avez-vous recommencé? Toutes ces questions vous aideront à comprendre ce qui s'est passé. Prenez ça au sérieux! N'oubliez pas qu'il s'agit d'une dépendance et que ce n'est pas facile de s'en départir.

STRATÉGIES POUR CESSER DE FUMER

Les démarches pour cesser de fumer recoupent souvent celles pour rester non-fumeur. Certaines différences méritent cependant une attention particulière.

La motivation : beaucoup de fumeurs abordent le problème avec peu de conviction : « *Docteur, il faudrait bien que j'arrête de fumer.* » Entre ce vœu pieux et la volonté de le faire, il y a toute une marge. C'est comme dire à un ami : « *Il faudrait bien qu'on aille souper ensemble, un de ces jours* ». Si vous ne vous fixez pas une date sur le champ, il y a de fortes chances pour que vous en soyez au même point deux ans plus tard.

Toutes les motivations pour arrêter de fumer sont bonnes : que ce soit la peur d'être malade ou le voyage dans le Sud que vous pourrez vous payer en épargnant sur les cigarettes. Faites le calcul, plein de petits bonheurs sont à votre portée avec toutes ces économies. Je connais un couple qui a fait l'acquisition d'un cinéma-maison. À chacun sa motivation et sa gratification. Je me souviens d'une patiente qui y est allée d'un constat très convaincant: « *Je suis écoeurée de faire une folle de moi, docteur. Je me trouve tellement niaiseuse de m'isoler du monde pour pomper de la drogue. Je vaux plus que ça.* » Inutile de vous dire que ses lèvres ne tolèrent plus la cigarette.

Réfléchissez à la qualité de vie que vous voulez vous donner. Nourrissez votre motivation. Découvrez de nouvelles raisons de cesser de fumer. Prenez le temps de vous observer, soyez attentif à tout ce qui se passe autour de vous. Questionnez les gens de votre entourage qui ont cessé de fumer. Leurs expériences peuvent vous enrichir. Vous avez dressé votre liste. Bravo! Gardez-la près de vous, c'est un excellent moteur de stimulation. Passons maintenant à l'étape suivante.

Fixez-vous des objectifs : déterminez une date à laquelle vous voulez arrêter de fumer. Diminuez progressivement votre consommation de cigarettes. Une par jour, par exemple. Allez-y doucement. En sortant une cigarette de votre paquet, prenez le temps de la regarder attentivement et posez-vous des questions sur les rapports que vous entretenez avec elle. Notez les moments où vous en sentez le plus besoin. Précisez les raisons qui vous poussent à fumer. Ces données vous serviront avantageusement quand nous aborderons les moyens de vous libérer de vos vieilles habitudes de fumeur. Si vous n'arrivez pas à cesser totalement, consultez votre médecin pour avoir de l'aide.

Des outils pour vous aider : étant donné que la nicotine est une drogue, cesser brutalement de fumer peut provoquer chez certaines personnes des symptômes de sevrage, c'est-à-dire des malaises reliés à la privation. Les symptômes sont variables d'un individu à l'autre. On se plaint généralement d'une envie impérieuse de fumer, d'une perte de concentration, d'étourdissements, d'irritabilité, de tristesse, d'insomnie, de constipation, de toux... et j'en passe; la liste est longue. Il existe des traitements pour réduire ces symptômes et le besoin irrésistible de fumer. Les timbres de nicotine, les médicaments et la gomme de nicotine n'empêchent pas de fumer. Ils sont utiles pour diminuer les symptômes de sevrage et l'envie de fumer. Consultez votre médecin ou votre pharmacien pour l'utilisation appropriée de ces outils.

Changez vos habitudes : pendant que vous serez sous traitement, profitez-en pour changer vos habitudes de fumeur. Vous les avez notées, j'espère, dans votre journal. Vous avez pris conscience de vos automatismes. Sinon, gare à vous lorsque vous serez laissé à vous-même. Les tentations risquent de réapparaître facilement lors de certaines routines. L'un de mes patients me racontait son envie irrésistible de fumer à chaque fois qu'il vidait son répondeur téléphonique tout en sirotant son café. Il a dû modifier cette vieille habitude qui le suivait depuis de nombreuses années. Si vous ne prenez pas le temps de reconnaître les associations de la cigarette avec certaines de vos activités de la vie quotidienne, vous aurez du mal à comprendre ce qui vous arrive lorsque la tentation vous envahira. Vous aurez plus de difficulté à la chasser.

STRATÉGIES POUR RESTER NON-FUMEUR

Maintenant que vous avez cessé de fumer et que vos traitements de sevrage sont terminés, n'allez pas croire que tout s'arrête là. Le travail ne fait que commencer. Il faut franchir d'autres étapes pour rester non-fumeur. Vous connaissez tous des personnes qui ont succombé à la tentation même après plusieurs années. Ne sous-estimez pas le pouvoir de la nicotine. Elle continuera de vous harceler sans relâche.

Où en êtes-vous avec vos changements d'habitudes liées à la cigarette? Restez aux aguets. Continuez de briser les associations tenaces qui vous lient à elle.

La motivation : souvenez-vous de votre motivation de départ pour arrêter de fumer. Est-elle toujours aussi forte, aussi présente? Vous stimule-t-elle encore autant? La motivation doit être entretenue sans arrêt. Nourrissez-la des bénéfices que vous retirez à ne plus fumer. Réjouissez-vous de la qualité de vie que vous vous donnez sans compter les économies appréciables que vous faites. Gâtez-vous un peu. Faites-vous plaisir. Récompensez-vous. C'est tout un exploit que vous avez accompli.

Pour contrer la tentation : même si vous avez l'impression de maîtriser la situation, restez vigilant : la tentation de fumer peut surgir à tout moment. Elle est sournoise, imprévisible. Elle s'insinue discrètement dans votre cerveau pour vous faire succomber. Elle veut prendre le contrôle de vos pensées pour mieux vous assujettir. Dès qu'elle se manifeste, il faut l'empêcher de s'installer. Concentrez votre attention sur autre chose. Prenez un verre d'eau, augmentez le volume de la radio, parlez-vous. Rappelez-vous tous les efforts que vous avez faits pour vous en débarrasser. Il faut vous en distraire; elle finira par disparaître.

Par ailleurs, si les tentations se multiplient ou deviennent insupportables, mâchez de la gomme à la nicotine pour vous aider à vaincre votre envie de fumer, le temps d'évaluer à nouveau ce qui ne va pas. Peut-être est-elle reliée à une routine qui persiste, à l'image de la cigarette ou à l'odeur du tabac?

L'imagerie mentale : l'étape suivante consiste à cesser de fumer dans sa tête. Le cerveau est comme un ordinateur très puissant qui emmagasine dans sa mémoire toutes sortes d'informations provenant des sens. Il les codifie, fait des associations. Il est prêt à répondre à toute stimulation. La vue d'une cigarette ou l'odeur du tabac peut déclencher l'envie de fumer.

Un voisin, ex-fumeur me racontait son envie folle de fumer alors qu'il était à une partie de pêche avec un ami : la vue et l'odeur de la cigarette dans un décor enchanteur lui rappelaient de bons souvenirs. L'évocation de la cigarette, celle de la détente et du plaisir, refaisait surface.

Les compagnies bâtissent leur publicité sur l'association de leur produit avec toutes sortes de plaisirs. Votre mémoire en est profondément saturée. Jouez leur jeu. Faites vos propres messages publicitaires. Mais cette fois, ne vous laissez pas berner. Décidez vous-même de leur contenu. Remplacez vos références habituelles. Suggérez-vous des images convaincantes. L'autosuggestion *a bien meilleur goût.*

Il est possible de reprogrammer votre mémoire par de nouvelles associations qui exprimeront davantage le rejet que le désir de fumer. Frappez fort. Je recommande souvent à mes patients de coller une cigarette sur une image dégueulasse représentant les méfaits du tabagisme sur la santé et la qualité de vie, de la regarder souvent afin de bien s'imprégner de cette nouvelle association cigarette, image répugnante, puanteur, maladies graves, etc. Plus vous aurez meublé votre mémoire de ces messages repoussants, plus le dégoût se manifestera lorsque vous serez confronté à la présence d'une cigarette.

De nombreux fumeurs ont cessé brutalement de fumer à la suite de dures épreuves. Tous les beaux messages profondément incrustés dans leur mémoire se sont effacés d'un seul trait. Comme s'ils avaient appuyé sur la touche *Delete ou Supprimer* d'un ordinateur. Des images dramatiques de maladie ou de mort les ont remplacés. Inutile de dire que ces individus n'ont jamais recommencé à fumer. La cigarette leur rappelle trop de mauvais souvenirs.

CAUSES D'ÉCHEC

Cesser de fumer n'est pas facile. Plusieurs échouent à leur première tentative. Ce n'est pas grave. Il faut apprendre de ses erreurs. Il faut transformer chaque tentative en expérience positive. Il faut grandir. Chaque essai doit servir à mieux identifier les difficultés encourues afin de développer de nouvelles stratégies plus efficaces.

Rappelez-vous que fumer n'est pas une **mauvaise habitude**. C'est une toxicomanie, et il faut la traiter comme telle. Mes patients sourcillent toujours quand je leur dis ça. Ils ne s'identifient pas aux toxicomanes qui végètent, d'une piquerie à l'autre, ou à l'alcoolique qui titube, une bouteille à la main. Bien sûr qu'il n'y a aucune ressemblance dans les comportements, mais la dépendance est aussi forte. Seuls les effets diffèrent.

N'hésitez pas à recourir à toute forme de publicité antitabac. Elle vous aidera à déraciner votre dépendance au tabagisme. Plus vous en saurez, plus vous aurez de moyens de vous en sortir.

CHAPITRE 8

LES ACTIVITÉS DE LA VIE QUOTIDIENNE ET LA MALADIE

LE TRAVAIL : plaisir et satisfaction ou source de stress? *– Problème de santé mentale au travail – Comment identifier le stress au travail pour une meilleure intervention – À la recherche de solutions (par rapport au travail, par rapport à vous-même).*
L'arrêt de travail – *Principe général d'application – Les attentes – Ce n'est pas juste la gravité de la maladie qui fait l'arrêt de travail – Les absences prolongées (les problèmes psychologiques, les problèmes musculosquelettiques) –* **Le retour au travail –** *Attention aux automatismes.*
– **LE COUPLE MALADE –** *La vie de couple – Les différences – Les couples heureux – L'avenir – La vie à deux au quotidien – La communication – Restez à l'écoute.*
– **L'ÉDUCATION DES ENFANTS –** *Le couple enrichi – Le mode d'emploi – L'enfant apprend par l'exemple – Gérer l'éducation des enfants passe par le OUI et le NON – On ne peut pas tout expliquer – Les enfants du divorce et la famille reconstituée – Quelques réflexions supplémentaires – Quelques messages aux ados.*

Le périple vous amène maintenant au cœur même de votre univers, soit vos activités de la vie quotidienne. Nous avons vu comment certains facteurs de risque jouent un rôle prépondérant dans l'émergence de certaines maladies physiques et mentales avec leur cortège d'effets délétères sur la qualité de vie. L'hérédité et l'âge sont deux facteurs de risque non modifiables. Bien sûr, vous pouvez modifier votre apparence et vous sentir plus jeune en développant votre potentiel au maximum mais le poids des années se fera sentir tôt ou tard. Par ailleurs, une intervention directe et ponctuelle sur le mode de vie vous garantit d'excellentes chances de faire échec à la maladie.

Ce modèle trouve aussi son application dans toutes les sphères d'activités de la vie quotidienne. Nous allons voir comment les facteurs de risque particuliers à certaines conditions peuvent modifier le cours d'une activité de vie. Les signes d'une maladie en installation exigent leur reconnaissance précoce avant que ne s'installe une maladie plus importante ou fatale. On n'a qu'à penser au divorce, issue malheureuse d'une vie de couple malade. La sexualité harmonieuse et vivifiante n'accuse-t-elle pas des ratés par manque de croissance ou par une rigidité cloisonnée dans des préjugés et des mythes tenaces? L'éducation des enfants ne répond pas toujours aux attentes des parents et des éducateurs les plus avertis et les plus attentionnés. Que dire de votre vie au travail?

Quelques réflexions intéressantes contribuent à faire le point sur une situation de vie et à l'enrichir. La créativité c'est le mouvement de caméra ou l'angle de l'objectif qui fait découvrir toute la beauté de la vie.

L'identification des signes précurseurs d'un malaise et la recherche de solutions efficaces favorisent un meilleur contrôle de la vie de tous les jours. La connaissance enrichie d'expériences intéressantes débarrasse souvent des croyances et des idées toutes faites. Elle aide à grandir et à prévenir l'ankylose dans des attitudes et des comportements inadaptés aux changements d'une vie trépidante et mouvementée.

LE TRAVAIL. Plaisir et satisfaction ou source de stress?

Judith a trente-trois ans, elle est célibataire. Elle est démoralisée et a perdu tout intérêt pour son travail. Elle songe à réorienter sa carrière. Au début, tout allait bien, elle tirait beaucoup de joie et de plaisir à travailler, puis, graduellement son travail est devenu moins excitant. Elle ignore ce qui ne va pas. Elle n'a pas de problème dans sa vie personnelle.

Joseph travaille depuis 22 ans pour la même compagnie : il vit difficilement les changements organisationnels.

Jean-Paul survit péniblement à son divorce. Il se sent périodiquement dépressif et son rendement au travail inquiète son supérieur.

Dominique revient au travail après une longue absence, elle est anxieuse. Elle se demande si elle va être en mesure de répondre aux nouvelles exigences de son travail. Il y a eu beaucoup de réorganisation et de restructuration dans son milieu de travail.

Le travail occupe une place importante dans la vie de tous les jours. Il représente à peu près la moitié de la vie active d'un individu. Il joue un rôle de premier plan dans son développement. Il mérite une attention toute particulière. Demandez aux chômeurs si le travail est crucial pour eux... Il assure non seulement la sécurité financière mais également le maintien d'une certaine qualité de vie par la possibilité qu'il permet de se donner du plaisir. La plupart des gens retirent beaucoup de satisfaction de leur travail. Ils se sentent utiles et valorisés. Ils comblent leur besoin de socialisation et d'appartenance à un groupe. Les solitaires en savent quelque chose.

Le monde du travail évolue rapidement avec les progrès technologiques et la concurrence. La réorganisation et la restructuration du milieu de travail occasionnent parfois des bouleversements difficiles pour certains travailleurs. La surcharge qualitative et quantitative de travail à cause d'un manque de ressources contribue également au mal-être des travailleurs. Ils n'arrivent plus à répondre à l'appel. Ils sont surmenés. La démotivation apparaît. Ils n'éprouvent plus de plaisir et de satisfaction. L'épuisement s'installe peu à peu après plusieurs années d'évolution lente et progressive. La situation est cependant réversible à tout moment, à condition de reconnaître précocement les signes d'un malaise. Et plus la recherche de solution se fait attendre plus la remontée est fastidieuse.

Cependant, il ne faut pas mettre le blâme seulement sur le dos des conditions de travail. Beaucoup de gens tendent à incriminer tout ce qui bouge : ils accusent le gouvernement, la société, les employeurs et les professeurs de tous les torts. Excuse facile pour fuir les responsabilités. Le travailleur qui nourrit des attentes irréalistes face au travail sera plus vulnérable au stress. De même que celui qui cherche à toujours vouloir performer. Certains individus ont une personnalité rigide qui leur donne peu de souplesse pour aborder les changements. Il y a donc deux façons de s'épuiser au travail : soit que les conditions de travail soient malsaines ou que les attitudes personnelles soient inflexibles. Le contrôle de ces facteurs de risque assure une meilleure qualité de vie au travail.

Le stress au boulot est bien réel, mais il y aussi une question de perception et d'attitude. Je me rappelle cette histoire qui raconte à peu près ceci : il y avait trois casseurs de pierres à qui l'on demandait ce qu'ils pensaient de leur travail. Le premier répondit : *Je casse des pierres toute la journée; c'est dur; il fait chaud; c'est un travail minable; tout comme je suis une personne minable*. Le deuxième prit la parole : *Ce n'est pas un travail facile mais je n'ai pu trouver mieux : alors ça me plaît comme ça*. Et le troisième de répondre fièrement : *Moi, monsieur, j'aide à bâtir des cathédrales*... Même métier, trois perceptions différentes.

Vos difficultés au travail peuvent avoir des répercussions sur l'ensemble de vos activités, tout comme vos problèmes personnels peuvent déteindre sur votre travail. Vos tensions vous suivent partout. La boucle est bouclée dans un sens comme dans l'autre.

Chez le jeune, les exigences du travail sont souvent inférieures à ses capacités. En vieillissant, l'expérience permet de compenser certaines déficiences. Mais plus tard, le travailleur doit trouver de nouveaux mécanismes d'adaptation, sinon c'est l'usure qui le guette.

Problème de santé mentale au travail : en l'an 2000, près de 40 % des invalidités de longue durée au travail étaient dues à des problèmes de santé mentale. Nous avons vu dans le chapitre de la gestion du stress, certains mécanismes généraux de résolution des problèmes. Nous allons maintenant nous attarder au stress relié au travail, celui qui se développe sournoisement, sans éclat. Nous ne parlerons pas des tensions causées par l'insécurité, le harcèlement, l'accident du travail ou la perte d'emploi. Je ne veux pas non plus faire le procès des conditions de travail ni chercher à critiquer qui que ce soit.

Le travail, c'est comme la vie à deux : il y a des hauts et des bas. Ça ne tourne pas toujours rond. La vie professionnelle et la vie personnelle n'évoluent pas toujours en vase clos. Elles s'influencent mutuellement.

L'exposition répétée à de nombreux facteurs de stress au travail finit par user la résistance du travailleur. C'est une réalité. Certains trouveront la façon de s'adapter, d'autres s'écrouleront sous le poids des contraintes. Ajoutez à cela les exigences toujours plus grandes de la vie quotidienne et vous aurez une sauce de malaises épicée des symptômes les plus divers.

Les difficultés d'adaptation au travail évoluent souvent pendant plusieurs années. Elles prennent la forme de troubles anxieux ou dépressifs. Et plus vous attendez pour intervenir, plus la souffrance devient invalidante. Encore une fois, pourquoi attendre avant d'agir? Trop de gens opèrent les changements nécessaires lorsqu'ils sont au bord du précipice. Cette même attitude se retrouve dans la vie de couple, la vie familiale et la vie personnelle.

Comment identifier le stress au travail pour une meilleure intervention : dès qu'un malaise survient, il faut prendre le temps de se poser quelques questions afin de cerner la cause du problème. Il est important, au départ, de distinguer les problèmes personnels de ceux qui sont directement reliés au travail, même si la ligne de démarcation entre les deux n'est pas toujours évidente. Les problèmes ont tendance malheureusement à gagner toutes les sphères d'activités de la vie quotidienne.

S'il s'agit d'un problème relié au travail, est-il lié à l'aménagement du poste de travail? À l'organisation du travail? À l'environnement du travail ou aux relations de travail avec le supérieur ou les autres employés? Est-ce un problème avec la clientèle? Il faut tout de suite identifier le secteur d'activités qui ne fonctionne pas.

Ou s'agit-il plutôt d'un déséquilibre entre le travail et les loisirs? Le travail est-il un refuge qui vous permet d'éviter de faire face à d'autres problèmes? Vos attentes face à votre travail sont-elles réalistes? Quelles sont vos priorités dans la vie? Je suis convaincu qu'en creusant vos états d'âme vous serez en mesure de définir vos malaises. Votre questionnement sera d'autant plus pertinent qu'il répondra à des observations minutieuses.

À la recherche de solutions :

Par rapport à votre travail : lorsque vous aurez bien défini les problèmes, voyez comment vous pouvez corriger ou améliorer vous-même votre situation. Vous avez un problème de relations de travail, communiquez avec les gens concernés afin de trouver une solution. Vous êtes débordé, voyez comment vous pouvez réorganiser votre travail. Après tout, n'êtes-vous pas l'expert en la matière dans votre domaine. Vous avez tout tenté sans succès; expliquez votre problème à votre supérieur et proposez-lui un plan d'action. Les critiques constructives ont plus de chances d'avoir un bon accueil que les plaintes assorties de demandes irréalistes. Vos récriminations mériteront certainement une attention particulière.

Il fut un temps où on avait les moyens de répondre à la surcharge de travail par une augmentation des effectifs. On avait également les budgets pour agrandir les espaces exigus et acheter les équipements nécessaires. Il n'y avait qu'à demander pour obtenir ce qu'on voulait. Aujourd'hui les restrictions de toutes sortes imposent de nouvelles façons de voir les choses. Les réorganisations du travail exigent de tous différents ajustements. En ces périodes d'austérité, la créativité de tous les intervenants et le travail d'équipe assurent les meilleures chances de succès des entreprises et des travailleurs.

Les tâches au travail évoluent rapidement, vos connaissances ne sont plus à jour et vous voulez améliorer votre situation au travail. Suivez des cours de perfectionnement aux frais de l'entreprise si possible, sinon, aux vôtres. Ne ratez pas les occasions de grandir au sein de la compagnie si vous en sentez le besoin. Cherchez à améliorer vos points faibles. N'attendez pas qu'on vous les reproche lors de votre évaluation. Je me souviens d'un jeune cadre à qui on avait confié de gros mandats. Il avait toute la compétence nécessaire pour s'en acquitter correctement. Il avait cependant des difficultés à diriger son équipe. Ça le rendait anxieux. Il a suivi des cours de gestion du personnel et son travail s'en porte mieux. Il en est très heureux. Un vendeur me rapportait avoir amélioré son chiffre de vente, en lisant et relisant les conseils des grands penseurs dans son domaine. Il avait retenu certaines recommandations qui trouvaient application dans son champ d'expertise. Vous connaissez votre travail; vous avez des idées, mettez-les à votre service. Ne laissez pas votre travail gâcher votre existence.

S'il n'y a vraiment pas de solution à vos problèmes et si vous vous sentez toujours malheureux et dépassé par les événements, peut-être faudra-t-il penser à réorienter votre carrière. Plus vous aurez acquis de compétences et plus vous aurez développé de nouveaux champs d'expertise, plus vous aurez de cordes à votre arc pour prendre les décisions qui s'imposent afin de préserver votre santé mentale et physique. N'hésitez pas à chercher de l'aide auprès de ressources compétentes. Un avis indépendant n'est jamais inutile.

Par rapport à vous-même : la perception que vous avez du travail joue un rôle important dans vos attitudes et vos comportements. Évitez les préjugés. Ayez un peu de souplesse. Je me souviens d'un patient qui n'a jamais été heureux au travail. Il attribuait toutes ses doléances à la mauvaise gestion *du boss,* comme il me le répétait. Jamais il n'avait tenté de voir la situation autrement. Lui seul avait toujours raison. Il avait des attentes disproportionnées par rapport à son milieu de travail.

Accordez-vous un temps de réflexion pour remettre le travail en perspective dans votre vie. Occupe-t-il tout votre temps et toutes vos pensées? Siphonne-t-il toutes vos énergies? Fait-il partie de vos activités agréables ou de vos corvées? Il serait temps d'y voir. J'ignore s'il vous reste de nombreuses années à travailler. Mais travailler quand on a perdu l'enthousiasme et la motivation, fait paraître le temps long et fastidieux.

Aimer son travail représente certainement l'une des conditions les plus favorables de succès au travail. Les conditions de travail et les personnes avec qui vous travaillez doivent contribuer à votre bonheur. Cherchez à maintenir le plus possible un certain équilibre dans votre vie : 8 heures pour dormir; 8 heures pour travailler et 8 heures bien à vous. Votre efficacité sera d'autant plus grande que vous aurez permis à votre corps et à votre esprit de se reposer.

Établissez périodiquement un ordre de priorités : elles changent suivant les circonstances et vos intérêts : vous tombez malade, les enfants apparaissent dans le décor, vous vieillissez, vos responsabilités financières diminuent; voilà autant de situations qui nécessitent un ajustement de vos prestations de travail. Gardez le contrôle de votre vie en tout temps. N'accumulez pas de crédits inutiles qui vous obligent à travailler comme des forcenés au point d'y perdre votre qualité de vie. Dites-vous bien que si vous abusez maintenant, tôt ou tard vous en paierez la facture. Ne négligez pas tout ce que la vie vous offre en devenant des *workalcoholics,* ou des esclaves au travail. Le travail doit faire partie de votre vie. Il ne doit pas l'envahir.

Sans tomber dans le dérisoire et le ridicule, il faut éviter de se prendre trop au sérieux. Il y a moyen d'avoir du plaisir, de se sentir à l'aise. Je suis toujours étonné de voir toute l'importance et le sérieux que certaines gens accordent à leur travail, comme si c'était... la fin du monde. La recherche de la performance exige trop souvent des prouesses difficiles et inconfortables.

Respectez vos limites. Vous pouvez toujours les repousser si vous cherchez à acquérir l'expérience et les connaissances qui augmenteront vos compétences.

L'une des meilleures façons de prendre une certaine distance par rapport à votre travail, c'est de développer des intérêts en dehors de celui-ci. Faites du conditionnement physique, des exercices de réchauffement et de mise en forme avant d'aller travailler. Choisissez-vous des loisirs agréables. Ayez des hobbies, faites du bénévolat. Faites partie de clubs sociaux ; rencontrez des amis. Laissez-vous aller. Vos problèmes au travail s'envoleront comme par magie. En tout cas vous ne les laisserez pas vous suivre partout, jusque dans votre lit. Ne restez pas à rien faire, et ne vous branchez pas sur votre téléviseur dès votre retour du travail. Le brassage d'émotions ne favorise pas la détente. Entretenir une bonne santé physique et mentale vous préserve des vicissitudes de votre travail. Vous devenez moins vulnérable aux contraintes habituelles.

Et si malgré tout, vous n'arrivez pas à décrocher et gérer votre stress, n'hésitez pas à consulter pour avoir de l'aide. Évitez l'isolement. Partagez avec les gens qui vous entourent sans pour autant les accaparer.

L'arrêt de travail

Parler de travail, c'est parler aussi d'arrêt de travail. Comme médecins nous sommes régulièrement appelés à prescrire des arrêts de travail pour toutes sortes de raisons médicales, qu'il s'agisse d'accidents du travail ou de maladies. Les invalidités de courte durée ne présentent habituellement pas de problème. Les affections mineures de tous genres font partie de cette catégorie. Les infections respiratoires et les atteintes légères du système musculosquelettique représentent certainement les causes les plus fréquentes d'absence de courte durée. Quant aux invalidités prolongées, elles sont plus difficiles à gérer. Elles entraînent souvent chez le travailleur une démotivation au travail et elles génèrent une certaine anxiété non négligeable lors du retour aux activités habituelles de la vie quotidienne. Sans compter que les absences au travail génèrent des coûts astronomiques.

Toutes causes confondues, les statistiques montrent une augmentation générale du nombre d'absences au travail de même qu'une augmentation dans la durée. Les conditions de vie sont-elles plus difficiles? Sommes-nous plus vulnérables à certaines maladies par manque de conditionnement physique ou mental? Les médecins ont-ils trop d'empathie envers leurs patients? Le débat est ouvert. Une chose est certaine : il faut repenser à tous les niveaux décisionnels la façon de gérer les absences au travail.

Pour le médecin l'arrêt de travail fait partie d'un plan de traitement et il doit être discuté avec le malade qui connaît bien son état et les tâches reliées à son poste de travail. Il y a des indications à prescrire lors d'un arrêt de travail, comme il y a des effets secondaires à prolonger une absence. La complicité entre le médecin et le patient est essentielle dans la prise de décision. Il est important de connaître les avantages et les inconvénients d'une telle démarche, et de les réviser tout au long de la durée de l'absence. L'arrêt de travail doit être actualisé à chaque visite.

Les invalidités de longue durée, en pratique générale, relèvent surtout de problèmes psychologiques et de problèmes musculosquelettiques. Nous allons tenter de dégager certains grands principes généraux d'application pour s'attarder ensuite à certaines particularités qu'on rencontre pour ces types d'absence.

Principe général d'application : au départ l'arrêt de travail ne veut pas dire de cesser toute activité physique, intellectuelle et sociale. En retirant quelqu'un du travail il ne faut pas lui nuire en lui enlevant toute forme de stimulation. Pour certains, les seules activités de vie se passent au travail. L'inactivité va dans le sens contraire de la réhabilitation et la rééducation. Il faut éviter le déconditionnement physique et intellectuel.

Dès que l'arrêt de travail s'avère nécessaire, il faut dresser un inventaire des capacités restantes du travailleur. Il n'est peut-être plus capable de faire certaines tâches au travail mais il n'est pas pour autant totalement invalide. Il faut rechercher son seuil fonctionnel afin de le préserver et de l'améliorer avec le temps.

Hier, vous étiez fonctionnel au travail et voilà qu'aujourd'hui vous êtes en absence maladie. Vous n'êtes plus fonctionnel! Allons donc! Il y a toute une marge entre être actif la veille et pratiquement ne rien faire le lendemain. Il ne faut pas perdre vos capacités restantes. L'ankylose guette la sédentarité et l'immobilisme intellectuel. Vous êtes moins fonctionnel certes, mais vous pouvez continuer à vous activer d'une manière efficace. Il est impératif, je le rappelle, de trouver le niveau fonctionnel, de le préserver et de le développer. Il faut chercher des activités compensatoires qui assurent un conditionnement physique et intellectuel soutenus.

Imaginez comment la marche sera haute lorsqu'il sera question d'un retour au travail après une longue absence à ne rien faire, ou presque. Il faut augmenter progressivement vos capacités fonctionnelles. Il faut vous entraîner à nouveau comme l'athlète après une blessure. Rappelez-vous que le travail représente près de la moitié de votre vie active.

À mon avis, les employeurs et les syndicats auraient intérêt à privilégier davantage l'arrêt de travail partiel à l'invalidité totale temporaire, à condition de respecter les capacités fonctionnelles restantes du travailleur. Tous et chacun en retireraient des bénéfices. Dans le cas des accidents de travail, plusieurs entreprises favorisent l'assignation temporaire du travailleur à des tâches qui respectent ses limitations fonctionnelles. Pourquoi ne pas élargir son champ d'application au domaine de l'assurance-salaire. Je me souviens de cette jeune dame dépressive qui venait de perdre son mari dans un accident de la route. La retirer du travail lui donnait tout le loisir de ruminer sa détresse. En acceptant une prestation de travail moins exigeante, son employeur a contribué à sa réhabilitation. Cette complicité a vu naître des relations de travail plus humaines.

Les attentes : et les attitudes face à l'arrêt de travail varieront suivant le point de vue où on se place. L'employeur pourra manifester parfois de l'impatience à ce que son employé revienne le plus tôt possible au travail. Par ailleurs, certains employés chercheront à *profiter du système* et à vouloir prolonger indûment leur absence. Heureusement, il s'agit là d'une minorité de gens qui n'ont aucune conscience professionnelle et sociale.

Tout comme l'employeur ne peut pas toujours espérer de son employé la même performance, le travailleur, quant à lui, ne doit pas exiger de lui-même plus de capacités qu'il n'avait avant son absence au travail. Certains veulent profiter de ce temps d'arrêt pour faire une *mise au point* de leur condition générale. Le retour au travail doit être évalué exclusivement sur les capacités du travailleur à faire les tâches habituelles de son travail régulier. L'amélioration de sa condition dépendra de sa volonté de poursuivre un programme de réhabilitation à cet effet.

Ce n'est pas juste la gravité de la maladie qui fait l'arrêt de travail : vous comprendrez qu'une plaie infectée à la main commandera un arrêt de travail pour un cuisinier. Il y a risque de contamination des aliments lors de leur manipulation et danger potentiel d'infection pour les consommateurs. Alors qu'un commis de bureau pourra s'acquitter de ses tâches sans problème. Certains arrêts de travail ne sont pas prescrits pour la gravité de la maladie mais pour les risques de contamination de l'entourage. Il en va de même pour une infection respiratoire : elle pourra avoir des conséquences fâcheuses à l'hôpital alors qu'elle aura peu d'effets dans un milieu où les contacts humains sont limités.

La durée de l'arrêt de travail dépendra donc de la gravité de la maladie, de son évolution dans le temps et des capacités du travailleur à faire ses tâches sans risque pour lui et les autres travailleurs. Les perceptions et les attitudes individuelles joueront également un rôle important dans la récupération. *Vous savez docteur, je prends rarement des journées de maladie. Vous pouvez prolonger mon arrêt de travail. Mon boss m'a dit de revenir seulement quand je serai à mon meilleur.* Une bonne condition physique et mentale favorisera une réhabilitation plus rapide.

Les conditions de travail modifient également la durée de l'absence. Le manutentionnaire aux prises avec une entorse lombaire ne pourra reprendre son travail avant récupération complète; tandis que le bureaucrate pourra retourner au travail avant que la lésion ne soit totalement consolidée. Les exigences du poste de travail pour la colonne ne sont pas les mêmes dans un cas comme dans l'autre.

Les absences prolongées : les problèmes psychologiques et les problèmes musculosquelettiques comptent parmi les causes des absences prolongées les plus fréquentes. Ils présentent certaines caractéristiques qui méritent une attention particulière.

Les problèmes psychologiques : lorsque la concentration du travailleur et son pouvoir décisionnel sont perturbés, les risques d'erreurs au travail doivent être évalués. Une infirmière avec facultés affaiblies risque de se tromper dans l'administration de médicaments. Tout comme une personne triste ou irritable aura de la difficulté à affronter une clientèle exigeante. Chaque cas mérite une attention particulière en regard de ses responsabilités au travail. Ce n'est pas parce qu'on est anxieux ou déprimé qu'on doive automatiquement s'absenter du travail. Comme ce n'est pas parce qu'on pleure qu'on est déprimé. Chaque cas est un cas d'espèce.

Il faut distinguer les problèmes personnels des troubles psychologiques reliés au travail, même s'il n'est pas toujours facile de savoir lesquels ont déteint sur les autres. Dans les deux cas, l'arrêt de travail n'a pas la même signification.

Lorsqu'un patient présente un problème psychologique lié à des problèmes personnels comme une séparation ou un divorce, par exemple, l'arrêt de travail n'est peut-être pas la meilleure solution. En le privant de toute stimulation l'employé est livré à ses pensées les plus sombres. Le cerveau n'arrête pas de fonctionner. *Je suis incapable de m'arrêter de penser*, me diront les patients. Pour cesser de broyer du noir, il faut se distraire. C'est la seule façon de se reposer de tous ses soucis. N'y a-t-il pas meilleure stimulation que le travail? Vous vous concentrez à certaines tâches et vous socialisez avec votre entourage. Vous oubliez un peu vos souffrances. Je me souviens d'une secrétaire fortement ébranlée par sa séparation. Après avoir discuté avec elle de la pertinence d'un arrêt de travail, nous avons convenu plutôt qu'elle continue à travailler. Elle prit soin, sans donner de détails sur sa condition personnelle, de mettre son employeur au courant de son état psychologique et de lui demander la permission de travailler même si sa performance devait en souffrir quelque peu. Le patron fut heureux d'être mis à contribution. Il facilita la réhabilitation de ma patiente. Inutile de vous dire que les relations humaines n'ont pas d'égal en matière de détresse psychologique. En tout cas, le retour précoce au travail s'avère certainement une solution qui facilitera la réhabilitation de plusieurs patients.

Le travail exige également certaines dépenses énergétiques. Calculez le nombre de déplacements que vous faites durant une journée de travail. Du capital positif pour les patients qui ont perdu intérêt pour leurs activités habituelles ou qui ont de la difficulté à s'activer. L'absence prolongée au travail n'est certainement pas recommandée pour ce type de problème.

Par ailleurs, il ne faut pas hésiter à retirer temporairement un travailleur exposé à un stress important au travail. Une absence de courte durée adoucit les symptômes, mais il ne faut pas attendre trop longtemps avant de reprendre le travail. C'est comme après un accident d'auto : il faut éviter que la peur de reprendre le volant ne se transforme en véritable phobie. Les médicaments peuvent aider à atténuer les malaises mais ils ne changeront pas les conditions de travail ni les attitudes du travailleur face à son travail. Il est impératif de mettre en œuvre tous les outils personnels et institutionnels pour résoudre le problème. Plusieurs entreprises offrent les services d'un programme d'aide aux employés. Il s'agit d'une aide psychologique au travailleur. L'approche multidisciplinaire s'avère essentielle pour résoudre les conflits interpersonnels au travail. Tous les intervenants doivent être mis à contribution.

Les problèmes musculosquelettiques : la durée de l'invalidité totale temporaire varie non seulement en fonction de la gravité de la lésion mais aussi en fonction des délais d'investigation et de traitements. Il n'est pas rare d'attendre quelques semaines à quelques mois avant de passer un *scanner* ou une résonance magnétique, sans compter les autres délais pour une scopie ou une chirurgie. La réparation d'une rupture tendineuse à l'épaule ou d'un ménisque déchiré du genou peut retenir un travailleur hors circuit pendant plusieurs mois. Il ne faut pas oublier d'ajouter quelques semaines de physiothérapie avant que la lésion ne soit complètement consolidée. Le temps de réhabilitation qu'on a gagné par des chirurgies moins traumatisantes, on l'a perdu en délais de toutes sortes. Il y a là matière à réflexion. Il ne faut pas s'étonner de voir certaines compagnies d'assurance encourager le secteur privé de la médecine.

Lors de l'évaluation des limitations fonctionnelles d'un travailleur quant à sa capacité d'exercer son emploi, il ne faut pas se contenter pour un médecin du titre d'emploi de l'employé : ça porte trop à confusion et à interprétation erronée. Les exigences physiques d'un poste de travail doivent être évaluées le plus possible en fonction de la fréquence des mouvements, de l'amplitude articulaire, de la force et de la posture nécessaires pour y arriver. Certaines entreprises respectent les restrictions fonctionnelles émises par les médecins en octroyant à leurs employés des postes allégés.

Il arrive à l'occasion que l'employé puisse retourner au travail avant que la lésion ne soit totalement guérie. Les exigences physiques d'un emploi ne nécessitent pas toujours une force ou une dextérité à toute épreuve. J'ai souvent vu des patients en cours de traitement de physiothérapie afficher des capacités fonctionnelles plus grandes que celles exigées par leur travail. Il est clair que le travail ne nuira pas à la réhabilitation du travailleur.

Pendant les longues périodes d'attente pour investigation et traitement de lésions musculosquelettiques invalidantes, j'encourage mes patients à maintenir une bonne condition physique. Je les dirige parfois en physiothérapie pour des programmes d'exercices appropriés afin d'éviter l'ankylose, la faiblesse ou la fonte musculaire. Il est important de préserver le plus de force et de tonus musculaire possibles. La récupération après chirurgie sera plus facile et moins longue.

Le retour au travail : pour certains, le retour au travail après une absence prolongée se vit comme un décalage horaire : il y a du rattrapage à faire si l'employé n'a pas fait grand chose durant sa convalescence, la marche sera haute. Il est plus facile de convaincre le patient de maintenir la forme lorsqu'on fixe au départ une date approximative de retour au travail. Il est moins inquiet de se voir retourner au travail lorsque les objectifs de son traitement sont atteints. J'évite le plus possible de souscrire à des arrêts de travail pour une date indéterminée.

De retour au travail, après une longue absence, la plupart des travailleurs vivent de l'anxiété. Ils se demandent de quelle façon ils seront accueillis, s'ils seront capables de répondre aux exigences de leur poste de travail, ou ne seront pas dépassés par les changements organisationnels. Ils ont de la difficulté à dormir et les premières journées sont très éprouvantes. Ils se sentent fatigués et facilement surmenés. C'est tout à fait normal. Les médecins jouent un rôle de premier plan dans la préparation de leurs patients à un retour au travail. Les supérieurs qui accueillent chaleureusement leurs employés facilitent grandement leur réinsertion. Tout comme les dirigeants qui donnent du support à leurs employés durant leur convalescence. Un appel téléphonique d'encouragement, de temps à autre, et l'employé se sent moins délaissé; il est moins nerveux quand arrive le temps de retrouver les siens. N'oublions pas que le travail représente près de la moitié de la vie active d'un individu. Et pour plusieurs, il s'agit de leur seule activité.

Les entreprises qui acceptent le retour progressif au travail favorisent la réintégration du travailleur à son poste. Attention à l'abus cependant. Certains y voient là une occasion de prolonger indûment leur absence au travail. Je me souviens de quelques patients qui me disaient : *docteur, j'ai droit à trois mois de retour progressif au travail;* comme si ça leur était dû automatiquement. Le retour précoce au poste régulier à temps plein sera facilité par un programme ininterrompu de mise en forme durant la période d'arrêt de travail.

Attention aux automatismes : quelques mots pour terminer sur les automatismes quant à la prescription d'arrêt de travail ou de retour au travail. Certains patients bénéficient de largesses quant à la durée de l'arrêt de travail. Ils voient leur médecin à toutes les deux semaines ou à tous les mois durant leur convalescence. Et l'arrêt de travail en est prolongé pour autant. Or, entre temps, l'amélioration de leur état pourrait peut-être permettre un retour au travail avant la date prévue de leur prochain rendez-vous. Une ou deux semaines de moins multipliées par X employés représentent certainement une économie substantielle des coûts engendrés par l'absentéisme au travail. Des rendez-vous plus rapprochés, en fin de période d'invalidité, permettraient au médecin d'éviter les prolongations inutiles tout en désensibilisant son patient à l'anxiété du retour au travail.

Il est peu fréquent également de voir des retours au travail en milieu de semaine. Le patient est vu le mardi ou le mercredi et le retour est autorisé pour le lundi suivant. Pourquoi ne pas le retourner au travail le lendemain s'il en est jugé apte? Voilà quelques exemples d'automatismes qui méritent des changements de comportement. Chaque intervenant a un rôle à jouer dans la gestion de l'absentéisme au travail.

LE COUPLE MALADE

Marie-Josée et Patrick vivent ensemble depuis 10 ans. Ils ont tout pour être heureux : ils travaillent tous les deux et ils ne manquent de rien. Ils ont deux beaux enfants et ils sont propriétaires d'un bungalow. Mais voilà; depuis plusieurs mois, ils ne sont plus sur la même longueur d'onde. La menace d'une séparation plane sur le couple.

Les statistiques sont effarantes : 50 % des couples divorcent ou se séparent. Et parmi ceux qui résistent, il y en a un certain nombre qui s'endurent *pour le meilleur et pour le pire*. Comme médecin de première ligne, nous sommes de plus en plus confrontés à des couples malades ou en voie d'extinction. Les mésententes se multiplient; le fossé s'élargit; l'amour s'étiole peu à peu et l'indifférence s'installe. La plupart du temps, les patients nous consultent pour des symptômes reliés à l'anxiété ou à la dépression. Le sommeil est perturbé et l'humeur devient triste ou irritable.

Même si l'infidélité, la violence conjugale et les dépendances de toutes sortes sont pointées du doigt dans la rupture du couple, plusieurs sont incapables de trouver une raison à leur naufrage. Que s'est-il passé? Pourquoi ont-ils attendu si longtemps avant de consulter? Pourquoi attendre d'être au bord du précipice avant de réagir? *Je pensais qu'on vivait une crise,* me diront certains; *que c'était pour se replacer tout seul,* me diront d'autres. Plusieurs m'avoueront n'avoir jamais *vu venir le coup.*

Y a-t-il moyen de sauver le couple? De prévenir cette maladie grave et souvent fatale qu'est la séparation? Y a-t-il des signes précurseurs, des symptômes du couple en danger? Des facteurs de risque à éviter? Y a-t-il des recettes de bonheur? Comment fonctionnent les couples heureux?

La vie de couple : le couple est composé de deux individus distincts qui forment un ensemble. Chacun partage avec l'autre une partie de lui-même. L'amour et l'amitié occupent toute la place au début de la vie à deux. Puis viennent les projets comme la famille, l'achat d'une maison...et aussi les problèmes comme la maladie, la perte d'un emploi etc. La vie est intense. Le dynamisme est frappant.

Ces situations peuvent solidifier les liens ou créer des rapprochements. Elles peuvent également déstabiliser insidieusement la vie de couple. Combien de gens se sont perdus de vue dans leur parcours de vie commune alors qu'ils cheminaient ensemble, main dans la main. Les enfants et la carrière ont fini par occuper tout leur espace vital. Un fossé s'est lentement créé autour d'eux. La relation a perdu tout son charme. Les remises en question se sont multipliées. Un état de crise est apparu.

Il faut garder un juste équilibre entre la vie de couple, la famille et le travail. Il ne faut pas prendre sa vie de couple pour acquis. Les attaches qui unissent fortement deux êtres peuvent se desserrer sournoisement. Ce n'est pas le fait d'avoir pris la décision de vivre ensemble qui garantit la survie du couple.

Les différences : les différences entre l'homme et la femme peuvent contribuer aux problèmes de couple. L'homme et la femme ne perçoivent pas la réalité de la même façon; ils ne pensent pas de la même manière. Pensez à la position de chacun face à la sexualité par exemple; la perception de chacun en est souvent très divergente. Lui y voit un besoin plus pressant, elle non. Lui est plus permissif avec les enfants, elle, plus directive. Comment vivre avec ces différences?

Il y a quelques auteurs qui se sont intéressés à ce qui différencie l'homme de la femme et qui y apportent une certaine lumière. Je les recommande souvent à mes patients qui ont de la difficulté à percevoir et à comprendre ces différences. Il faut savoir qu'on ne peut pas facilement changer l'autre et le mouler à sa convenance. Il y a certaines divergences qu'on ne peut concilier. Mais attention, il ne faut pas tomber dans l'excuse facile : *on est comme on est; on ne peut pas changer.* Erreur! Tout change autour de soi et nous aussi. Nous ne vivons plus et ne pensons plus de la même façon. Voyagez un peu dans votre biographie et vous verrez.

Je rencontre souvent des patients qui se plaignent que leur conjointe ne respecte pas leur façon de procéder dans le partage des tâches domestiques : *ma femme n'est jamais contente,* me dira l'un, *elle insiste toujours que je fasse les corvées à sa manière.* Ce n'est pas très encourageant. Le non-respect des différences peut être source de conflits.

Les couples heureux : au lieu de toujours scruter à la loupe ce qui rend le couple malheureux, des spécialistes se sont intéressés aux couples heureux et épanouis. Ils ont noté que certaines qualités essentielles contribuaient au succès de la vie à deux. Le respect, l'estime et l'appréciation de l'autre sont particulièrement appropriés. Il est avantageux de toujours préserver l'intérêt et la confiance qu'on a pour l'autre. Les marques d'attention, d'affection et de tendresse entretiennent la flamme.

Les couples heureux ont aussi des conflits comme tout le monde. Ils réussissent malgré tout à se comprendre. Même si les relations sont parfois tendues, il faut vous nourrir des côtés positifs de l'autre au lieu de ressasser constamment ses faiblesses. Ne rendez pas l'autre responsable des déboires de votre vie de couple. Voyez plutôt ce que vous pouvez faire pour l'améliorer. Faites un petit examen de conscience et voyez où vous êtes rendu. Corrigez votre tir s'il le faut; il n'est jamais trop tard. Et pour les couples heureux, faites l'inventaire des qualités essentielles à votre réussite. Préservez-les, votre vie à deux n'est pas terminée.

L'avenir : pour le bâtir, il faut avoir des projets, un idéal en commun. Beaucoup de jeunes couples consacrent une grande partie de leur énergie à fonder une famille, s'acheter une maison et consommer sans retenue. Ils oublient parfois de faire évoluer leur amour au même rythme que leurs ambitions. Ils travaillent sans relâche afin de répondre à toutes leurs obligations. Ils sont entraînés dans un tourbillon qui siphonne tout leur temps et toute leur énergie. Ils s'épuisent à la tâche et croulent sous la routine. Il ne leur reste plus de temps pour répondre à leurs besoins respectifs, encore moins à ceux de leur vie à deux. Leur amour s'effrite sous la pression. Ils s'éloignent peu à peu de la force qui les unissait au départ.

Et lorsque plus tard, les objectifs sont atteints et que les enfants quittent le nid familial, ils ressentent un grand vide qu'ils ne savent plus combler. Ils s'ennuient. Ils se cherchent de nouveaux défis ou de nouvelles responsabilités. Plusieurs se remettent en question et vivent une crise existentielle qui les conduit parfois à la séparation.

Les couples heureux ne cessent jamais de nourrir la flamme qui les allume. Ils ne se perdent jamais de vue malgré les contraintes de la vie quotidienne. Ils comprennent que l'avenir se construit jour après jour.

La vie à deux au quotidien : la vie de couple se vit au quotidien. Les couples heureux développent le plaisir d'être ensemble. Ils savent se préserver du temps pour s'embrasser, se toucher et se dorloter. Si les couples consacraient le quart des efforts qu'ils ont mis à se séduire, leur vie à deux survivrait à toute épreuve. Malheureusement, plusieurs allument un gros feu sans prendre soin de le nourrir par la suite.

Les couples heureux s'intéressent à leurs activités respectives. Ils s'écoutent, se respectent et s'encouragent. Ils cherchent constamment à améliorer leur relation. Ils ne laissent pas leur vie de couple se détériorer. Ils développent une complicité et une amitié sincère.

Ils ont également le souci de se planifier des sorties hebdomadaires pour des activités culturelles ou physiques. Ils savent concocter de petites soirées romantiques. Beaucoup de parents sont incapables de sortir sans leurs enfants. Ils se culpabilisent de ne pas être aussi présents qu'ils le voudraient. Je me souviens d'un jeune couple qui a vécu toute une surprise en revenant de vacances. Après deux, trois embrassades, les enfants sont retournés jouer avec leurs amis comme si rien ne s'était passé. Quant aux parents, ils croyaient à une séparation douloureuse. Attention au gros cordon ombilical du côté parental.

Autant les vacances sont nécessaires en milieu de travail, autant un congé parental, familial ou conjugal, peut parfois être bénéfique pour prendre du recul et se ressourcer. Pour réussir sa vie de couple il faut toujours y mettre de l'énergie.

La communication : il y a des sujets dont on peut discuter et s'entendre. Par ailleurs, il y en a d'autres qui dégénèrent en conflits insolubles. Comme je l'ai dit plus haut, il y a des différences entre les hommes et les femmes qui se traduisent parfois par des perceptions inconciliables. Il faut trouver moyen de s'accommoder de ces différences au lieu de perdre de l'énergie à vouloir changer l'autre.

Les couples heureux ne gaspillent pas leur temps à ressasser les problèmes et à vouloir les régler à tout prix. Ils cherchent plutôt à s'accrocher aux bons moments et à ramasser du capital positif. Il faut apprendre de ses erreurs. Les couples en mal de chicanes accumulent les boutades pour mieux se les lancer à la moindre occasion. Comment est-ce possible d'évoluer dans un tel contexte? Je l'ignore.

Restez à l'écoute : Identifiez les signes de malaise avant que le tout ne dégénère en problème. La routine, les mésententes perpétuelles ou l'indifférence sont des facteurs de risque de maladie du couple. Consolidez les acquis et trouvez des solutions aux situations difficiles. Améliorez vos compétences de la vie à deux. De nombreux chercheurs partagent leurs découvertes et livrent leurs secrets. Nourrissez-vous de leurs connaissances. Donnez suite à vos cours de préparation au mariage. Trouvez-vous un bon conseiller matrimonial, même si tout va bien. Faites-lui une visite annuelle comme vous le faites chez votre médecin et votre dentiste. Il vous aidera à faire le point sur votre situation actuelle et vous prodiguera de judicieux conseils pour préserver la santé de votre couple. N'attendez pas la catastrophe pour consulter un spécialiste si la situation se détériore.

L'ÉDUCATION DES ENFANTS

L'enfant prodige est né. Denise et Gilles sont fous de joie. Ils flottent sur des nuages. Les attentes de papa sont grandes : il voit son fils au sommet d'une carrière florissante de joueur de hockey. Maman est encore sous le choc du miracle qui s'est opéré en elle. Arrivera-t-elle à couper le cordon ombilical?

Mariane est surmenée; son poupon siphonne toute son énergie.

Josée a trois ans; elle balbutie quelques mots seulement; ses parents sont inquiets.

Yan est un petit diable; il n'écoute jamais. Marcelle est au désespoir.

Les parents de Carl sont convoqués par l'institutrice du primaire; leur enfant est dissipé et il perturbe constamment les autres élèves.

Pierre termine son secondaire 5; ses résultats scolaires ont chuté dramatiquement.

Johanne entre dans son adolescence avec une grande peine d'amour.

Et ça continue...

La réalité fait souvent faux bond aux aspirations les plus légitimes. L'enthousiasme et les illusions du départ cèdent parfois le pas aux inquiétudes, aux problèmes incessants et aux déceptions qu'ils engendrent. Le petit être chéri déclenche souvent une secousse sismique qui ébranle le couple. Il réclame beaucoup d'attention et de soins; la dynamique du couple s'en trouve souvent perturbée. Heureusement dès qu'il reconnaît papa et maman, on oublie toutes les vicissitudes.

La vitesse de développement de l'enfant est phénoménale : bébé apprend bientôt à marcher, à courir, à grimper, à manger et à communiquer. Il maîtrise très bien la langue pour exprimer ses besoins; il apprend aussi à s'en servir pour manipuler son entourage : il connaît les effets de certains mots ou certaines phrases sur les gens qui l'aiment. Il sait comment obtenir ce qu'il veut : il connaît les limites de chacun. Il maîtrise autant l'art d'exaspérer et de rendre coupable que celui de manifester un amour débordant, à l'occasion. Il exerce rapidement un contrôle sur tout ce qui l'entoure. Il développe sa personnalité, son autonomie, son indépendance. Il s'affirme. Pendant que les parents se questionnent sur son comportement, il en est déjà à une autre étape de son développement. Il s'arrange toujours pour avoir un pas en avant en brandissant l'incompréhension : *vous me comprenez pas; c'est pu comme dans votre temps; tous les jeunes de mon âge font ça*. Il maîtrise l'art de convaincre. Il endort ses parents avec les nouvelles valeurs qu'il veut imposer.

Malheureusement beaucoup de parents perdent le contrôle de la situation : ils sont manipulés et totalement dominés par leurs enfants. Ils ne savent plus quoi faire. Ils sont désabusés. Les confrontations se multiplient et le fossé s'élargit. Une lutte de pouvoir s'engage. Le tout se durcissant à l'adolescence. Que s'est-il passé? Qu'est-il advenu de tous les beaux rêves imaginés pour leurs enfants?

Bien sûr, cette description se veut caricaturale, mais en y jetant un regard objectif, chacun peut y découvrir un fond de vérité. Les enfants, on les a pour la vie, avec leurs forces et leurs faiblesses. Comment peut-on conjuguer avec tout ça et vivre une relation agréable et saine pour tous? Je ne veux certainement pas m'improviser spécialiste de la question. Cependant mes trente années d'expérience en pratique générale m'ont permis de cerner certains problèmes communs à de nombreux parents.

Le couple enrichi : Une nouvelle dynamique se crée autour de l'enfant et de la famille nécessitant des ajustements constants afin de préserver l'équilibre de chacun et favoriser l'épanouissement de tous.

Le couple qui néglige sciemment ou pas les besoins matériels et affectifs de ses enfants contribue à l'éclosion d'une famille dysfonctionnelle avec comme conséquences le développement d'enfants carencés du point vue physique et émotionnel. Par ailleurs, l'excès contraire produit aussi des effets délétères : la surprotection nourrit l'insécurité des enfants tout en faisant naître chez eux des tendances narcissiques. Autant les enfants négligés que les enfants surprotégés auront, tôt ou tard, des difficultés de communication avec leur entourage, les privant souvent de relations saines et constructives.

Le couple malade qui voit dans la venue d'un enfant le remède à sa maladie, fonde sur lui des attentes irréalistes. Les enfants ne sont jamais une solution à un problème de couple. Ils vivent en silence les affres de parents perturbés. Il m'est arrivé de voir des enfants angoissés par des parents problématiques : des enfants insécures qui chercheront plus tard un refuge plus accueillant. Malheureusement, leur choix ne sera pas toujours souhaitable à leur épanouissement.

Les parents qui fondent sur leurs enfants des espoirs irréalistes, ou qui veulent se réaliser à travers eux, mettent beaucoup de pression sur eux. Il est normal de vouloir ce qu'il y a de mieux pour son enfant à condition de respecter son développement. Combien de parents tentent d'orienter leurs enfants dans des domaines où ils auraient voulu exceller. L'insistance crée parfois un malaise chez l'enfant qui ne veut pas déplaire. L'attitude de certains parents porte à réflexion. Observez à titre d'exemple, le comportement démesuré de certains parents lors d'une joute de hockey de leurs enfants. Voyez comment ces pauvres victimes sont déboussolées par le comportement impromptu des leurs.

Le couple qui n'entretient pas le Moi, le Toi et le Nous se verra souvent vivre un grand vide lorsque les enfants quitteront le nid familial. Ils chercheront de nouvelles raisons d'être de leur couple. Ou ils se consoleront jusqu'à la venue des petits-enfants. Pour certains, il s'agit d'une étape normale de la vie; pour d'autres, il n'y a pas de changement majeur dans leur vie. Préserver son Moi et son Nous assure une continuité sans heurt et sans remise en question. Les parents qui vivent une certaine autonomie peuvent enfin donner libre cours à leurs projets personnels et communs à l'abri des responsabilités familiales.

Le mode d'emploi : les enfants viennent au monde avec leurs caractéristiques propres; ils sont uniques. Il y a heureusement certaines similitudes dans leur développement qui facilitent le travail des intervenants auprès d'eux. De nombreux parents sont dépassés par les événements : ils ont de la difficulté à gérer certaines étapes de leur développement. Pendant qu'ils se questionnent sur le comportement de leur enfant, ce dernier a déjà franchi un pas en avant. Pourquoi dépenser tant d'énergie à essayer de comprendre certaines étapes de leur vie alors que de nombreux manuels d'instruction ont été écrits là-dessus. L'acquisition de connaissances permet aux parents d'être à l'affût de compétences qui peuvent leur échapper. Les gens s'instruisent sur toutes sortes de sujets : les soins de santé, des livres de recettes, des conseils en horticulture, en jardinage, sur leurs animaux domestiques ou je ne sais quoi qui les intéresse. Combien de parents peuvent se vanter d'avoir lu des recommandations intéressantes sur le développement de leurs enfants à différents moments de leur vie. Et Dieu sait comme ils se targuent de la nécessité d'une bonne éducation pour eux. Pourquoi ne pas avoir à son chevet quelques bonnes références sur le développement des enfants. Il n'y aura pas d'effet surprise lors des changements de comportement, et les parents ne seront pas dépourvus de ressources pour les gérer. Il s'agit d'outils intéressants qui peuvent faciliter la tâche de nombreux parents. Pourquoi ne pas mettre tous les atouts de son côté? La connaissance permet souvent d'éviter des expériences fâcheuses. Plus vous en apprendrez sur vos enfants, moins il y aura de place pour une interprétation erronée.

L'enfant apprend par l'exemple : le rôle du parent est de toute première importance. Vous avez un impact incroyable sur le développement de votre enfant qui se cherche constamment des modèles. Vous lui apprenez à manger, à marcher, à lire et à compter. Il copie également tous vos faits et gestes, même ceux que vous voulez qu'il ignore. Sans le savoir vous ensemencez de petites graines qui peuvent prendre racine à tout moment, suivant les circonstances. Les habitudes qu'il développe en bas âge vont probablement le suivre toute sa vie. Si vous voulez ce qu'il y a de mieux pour votre enfant, il serait peut-être bon que vous en profitiez vous-même pour corriger certaines de vos mauvaises habitudes qui pourraient être retenues par votre enfant. Je suis toujours étonné de voir de futures mamans cesser de fumer pendant leur grossesse, à cause des risques potentiels pour le bébé à naître. Mais l'accouchement terminé, elles recommencent aussitôt à fumer, comme si la cigarette n'avait plus d'impact sur leur développement. Si vous mangez mal et que vous faites une vie sédentaire, il y a de fortes chances pour que votre enfant en fasse autant. Vous critiquez tout et rien, vous tempêtez, vous êtes colérique, eh bien, il y a de fortes chances pour que vos enfants héritent de tout ce bagage négatif. Fonder une famille doit servir d'occasion de réfléchir sur les valeurs qui vous tiennent à cœur et que vous voulez transmettre à vos enfants. Il n'y a pas juste la valeur de l'argent qui doit compter. Les couples qui se préparent sérieusement à cet événement se donnent toutes les chances de réussir leur vie familiale en donnant à leurs enfants des valeurs essentielles et solides. Il ne s'agit pas d'être parfait, il faut juste savoir quelle éducation vous voulez donner à vos enfants. L'éducation des enfants commence par sa propre éducation. Travailler sur ses enfants demande aussi un travail sur soi. Avant d'exiger un changement chez votre enfant, peut-être auriez-vous intérêt à opérer certains changements dans vos comportements et vos attitudes.

Gérer l'éducation des enfants passe par le OUI et le NON : certains parents ont oublié que de belles valeurs leur ont été transmises par le Oui et le Non. Ils semblent n'avoir retenu que le côté privation, c'est pourquoi, avec leurs enfants, ils lancent le balancier de l'autre côté, se convainquant de donner à leurs enfants tout ce qu'ils n'ont pas eu. Ils deviennent permissifs à outrance, créant une nouvelle classe d'enfants : les enfants-roi, des enfants qui n'ont qu'à demander pour recevoir. Des parents qui ont perdu le contrôle : ils ne répondent plus seulement aux Besoins de leurs enfants mais aussi à tous leurs Désirs. Les enfants ne réclament plus un bien matériel quelconque; ils réclament ce qu'il y a de mieux. Ils veulent le dernier modèle de bicyclette, le meilleur équipement pour pratiquer un sport, l'ordinateur le plus performant etc. Il n'y a rien de trop beau pour quelqu'un qui ne connaîtra probablement jamais la valeur de l'argent. Des enfants qui finissent par convaincre leurs parents de nouvelles nécessités en brandissant le spectre de la différence : *tout le monde a ça à l'école; je vais faire rire de moi; c'est ça que j'ai besoin, rien d'autre*; l'orgueil, la peur de ne plus être aimé ou de déplaire et la culpabilité ne résistent pas à de tels propos. Retenez que la bicyclette peut répondre à un Besoin; mais le dernier modèle répond à un Désir.

Imaginez un peu ces enfants lorsqu'ils voleront de leurs propres ailes, lorsque papa et maman ne seront plus là pour répondre à leurs Désirs. J'espère qu'ils auront un portefeuille bien garni pour se payer ce qu'ils veulent. J'anticipe déjà une vie de travail sans relâche pour joindre les deux bouts ou une vie à crédit perpétuel. Arrêtez-vous quelques instants pour réfléchir à tout ça. Observez vos relations et celles de votre entourage avec l'argent.

Voyez également comment la relation des parents avec leurs enfants peut être erratique dans la transmission de certaines valeurs. Je vous propose un petit test : observez le comportement des parents avec leurs enfants en société; vous allez en apprendre beaucoup sur la démesure. Ne vous est-il pas déjà arrivé de vous faire interrompre par un enfant qui réclame de son parent quelque chose sans importance? Le comportement du parent témoigne beaucoup de sa relation avec l'enfant. Si le parent coupe sa conversation pour répondre à l'enfant, il y a peu de chances que l'enfant apprenne à se soucier de son entourage. Par ailleurs, si le parent signale qu'il est en conversation avec quelqu'un, et qu'il n'est pas disponible pour le moment, il y a de fortes chances pour que l'enfant apprenne le respect des autres. Une valeur essentielle pour vivre en société.

Il est important de se questionner sur ses comportements vis-à-vis de son enfant : le bien de l'enfant passe par l'apprentissage de belles valeurs qui lui permettront de s'épanouir dans la société. C'est vrai que votre enfant est unique; ça ne veut pas dire pour autant d'en faire un marginal. Un être égoïste qui aura de la difficulté à vivre et partager avec les autres.

Il va de soi que toujours dire Non n'aide pas son enfant à prendre confiance en lui ni à développer son estime de lui. Les enfants peureux ont de la difficulté à s'épanouir. Ils sont incapables de donner libre cours à leur potentiel créateur. Ils sont paralysés par leurs craintes.

Vous aurez vite compris que le juste milieu s'avère la meilleure solution. Il est plus facile de dire Oui que de dire Non, je le concède. Ne vous laissez pas dominer par vos émotions : *je ne suis pas un bon parent; il est malheureux à cause de moi; il m'en veut; je suis aussi bien de céder; ç'a va éviter une chicane; c'est pas si grave que ça après tout.* Croyez en vos valeurs et restez maître de la situation. N'est-ce pas le bien de vos enfants que vous voulez. Soyez réaliste! Vous n'avez pas toujours eu tout ce que vous désiriez dans la vie; en êtes-vous malheureux pour autant?

On ne peut pas tout expliquer : on est passé à l'ère des discussions interminables. Malheureusement on n'a pas toujours réponse à tout. Il est préférable de dire honnêtement à son enfant qu'on ne connaît pas la réponse, qu'on va la chercher, plutôt que de lui dire n'importe quoi. C'est comme ça qu'on arrive à bâtir une relation de confiance. De même qu'il faut s'abstenir de donner des explications incompréhensibles pour l'enfant; il faut essayer de se mettre dans sa peau. Il faut doser ses propos. Il faut parfois savoir regarder avec ses yeux d'enfant plutôt qu'avec ses yeux d'adulte. La foi en certaines valeurs ne trouve pas toujours les mots pour convaincre. Il faut alors rappeler à son enfant que certaines choses auxquelles on croit ne trouvent pas toujours les explications nécessaires à leur acceptation. Il ne faut pas céder sous prétexte qu'on ne peut satisfaire une demande.

Certains parents se targuent de tout savoir malgré des références limitées dans leurs connaissances et leurs expériences; ils finissent par transmettre à leur enfant une seule vision des choses, la leur. Je crois qu'il faut chercher à élargir soi-même ses horizons si on veut donner aux enfants la chance de développer leur potentiel.

Les enfants du divorce et la famille reconstituée : Il faut se rappeler que, quel que soit votre statut marital, vos enfants resteront toujours vos enfants, et que vous devez, en tant que parents, continuer à assurer leur bien-être physique et émotionnel. Il ne faut surtout pas vous servir d'eux pour régler vos conflits d'adultes.

Je recommande souvent à mes patients d'avoir recours à une ressource spécialisée pour les aider à aider leurs enfants dans ces situations difficiles. Il ne faut pas prendre ça à la légère et croire qu'ils vont s'en sortir sans heurt.

Quelques réflexions supplémentaires : encore quelques pistes de réflexion pour éveiller l'intérêt. Quelle importance accordez-vous à l'alimentation, le conditionnement physique, les arts, la spiritualité, la lecture, la télévision etc., dans le développement de votre enfant? En faites-vous vous-même la promotion ou si vous laissez le soin aux organismes publics de s'en occuper. Tout ça fait partie de l'éducation des enfants, vous savez. Je suis toujours étonné de voir les petits bouts de choux se présenter à l'école pour apprendre à lire et à compter alors que les parents s'enorgueillissent de leur avoir tout montré avant même d'avoir commencé leurs classes. Ces petits enfants savants s'ennuient à l'école. Pourquoi ne pas chercher à leur faire apprendre autre chose, une langue par exemple. Les enfants sont de vraies éponges, ils peuvent apprendre l'anglais ou l'espagnol à une vitesse effarante. Plein de choses en un rien de temps. Le tout pouvant être complémentaire à l'enseignement scolaire. Laissez l'école leur enseigner ce qu'ils doivent savoir.

Votre enfant est comme une terre fertile. Ensemencez toutes sortes de graines qui germeront lorsque les conditions s'y prêteront. Vous verrez alors se développer quelque chose de bien.

Prenez le temps de vous arrêter pour observer et réfléchir afin de mieux vivre au diapason du développement de votre enfant. N'hésitez pas à remettre en question certains comportements erratiques. Nos parents nous ont donné la meilleure éducation qui soit, suivant leurs connaissances et leurs expériences. Ils ont fait leur possible. Or l'expérience nous apprend qu'il faut s'affranchir d'une partie de ces acquis. On n'a qu'à penser à nos mauvaises habitudes alimentaires. Voulez-vous que votre enfant devienne obèse. Votre enfant se développe, pourquoi ne pas en faire autant? Vous recherchez ce qu'il y a de mieux pour eux. Alors cherchez-le, il y a tant de choses à découvrir. Vous pourrez donner plus. Ne vous contentez pas de transmettre bêtement ce que vous avez reçu. Cette époque est révolue.

Et si vous avez des problèmes dans l'éducation de vos enfants, ne consultez pas seulement des gens d'influence pour vous guider. Il y a trop de faux pédiatres, de faux conseillers matrimoniaux, de faux conseillers financiers. Bref il y a trop de *p'tits Jo connaissants* qui ne savent pas de quoi ils parlent. Consultez plutôt un spécialiste de la question.

Aidez votre enfant à bâtir l'estime et la confiance en lui. Encouragez-le dans ses réalisations : *regarde comment les efforts que tu as fournis ont donné de bons résultats.* Montrez-lui comment apprendre de ses erreurs. Plus tard, votre enfant sera moins dépendant de l'influence des autres. Il n'agira pas en fonction de leur regard.

Souvenez-vous que votre relation parent-enfant (P-E) change avec le temps. Durant son enfance, vous jouez un rôle capital: vous êtes le grand P et lui le petit e. Il a tant besoin de vous. Mais au fil des ans, le petit e va grandir, s'épanouir. Il sera plus indépendant. Votre rôle va s'effacer peu à peu. Et à l'âge adulte vous ne serez plus qu'un petit p et lui un grand E, je l'espère.

Et si vous avez plusieurs enfants, restez attentif à leur développement. Ils réagissent différemment à la même éducation. Ils sont uniques. Quittez vos préoccupations à leur sujet. Cherchez davantage à vous en occuper.

Quelques messages aux ados : j'aime bien donner quelques conseils à mes ados en mal d'aimer. Bien sûr, qu'il faut éviter les maladies transmises sexuellement et une grossesse non désirée. Mais si vous voulez vivre avec quelqu'un, peut-être auriez-vous intérêt à approfondir certaines questions avant d'investir dans une relation qui ne mènera nulle part. Ne pensez pas changer l'autre : certaines divergences sont irréconciliables. Si l'un de vous deux ne veut pas d'enfant alors que l'autre y tient, mettez fin tout de suite à votre relation avant de trop souffrir. Voyez le rapport de l'autre avec l'argent, la famille, les amis, le travail et le mode de vie en général. Vous aurez peut-être des surprises qui vous feront changer d'idée sur votre avenir avec l'être cher.

CHAPITRE 9

POUR UNE MEILLEURE SANTÉ SEXUELLE

Les trois phases de la relation sexuelle
– Le désir – L'excitation – l'orgasme.
– Sexualité et âge – L'éducation – Le sexe malade – Comment améliorer sa vie sexuelle au lit avant qu'elle ne devienne un problème.
– La connaissance de soi et de l'autre – Améliorer ses connaissances générales – Bien se préparer.

Jeanne et Denis consultent pour savoir quoi faire; ils sont en bonne santé physique et mentale. Ils s'aiment beaucoup; mais leur désir l'un pour l'autre a diminué. Ils font l'amour une fois par mois. Ils sont inquiets.

Jean-Paul est soucieux ; il a des troubles d'érection; il accuse des ratés et son pénis ne répond plus comme avant.

Pourquoi parler de sexe encore une fois alors qu'on a l'impression que tout a été dit. Jamais un autre sujet n'a eu autant de presse. On en entend parler presque à tous les jours. C'est un sujet très à la mode, très *IN* comme disent les jeunes. Ça se vend bien. On ne compte plus les revues, les journaux et les livres qui épluchent le sexe de tout bord tout côté. C'est une véritable explosion. On parle de sexe partout : à la radio, à la télé et au cinéma. Il y a plein de sites à culture du sexe sur Internet. Tout est passé au peigne fin : l'érotisme, la pornographie, les déviances sexuelles. On a pesé fort sur l'accélérateur : d'une société puritaine, étouffée par des tabous, on est passé à l'ère de l'expérimentation sans limites. *D'autant plus qu'on a du plaisir et que les partenaires sont consentants...* Comment s'y reconnaître dans tout ça et séparer le bon grain de l'ivraie? Ce n'est pas facile.

Des boutiques spécialisées font des affaires d'or. On y vend des gadgets, de la lingerie fine, des films pornos, des jeux et je ne sais quoi encore. Tout pour s'amuser et stimuler l'excitation. Des groupes d'échangistes, de fétichistes et de sado-maso se forment en catimini. Le cybersexe est né : on *chatte* en cachette sur des terminaux réservés. Les dépendants sont servis à souhait. Le balancier a basculé de l'autre côté, on est loin de la sexualité-procréation et des revues *Playboy* et *Hustler,* comme seules sources de référence. Même s'il y a du bon à parler de sexe alors qu'il y a peu de temps, c'était un sujet tabou, il ne faut pas tomber dans l'exagération. Trop c'est comme pas assez. Il faut être prudent, ne pas devenir un consommateur incontrôlable de sexe ou servir de laboratoire d'expérimentation. Comment ne pas perdre de vue ses besoins et reconnaître ses limites à travers les sollicitations les plus diverses? Il faut être ouvert à une exploration sexuelle intéressante à condition qu'elle respecte ses besoins, ses désirs et ses préférences. Il n'existe pas de mode en sexualité. Il ne faut pas se laisser éblouir et croire aux recettes extraordinaires. Tous et chacun peuvent y trouver son plaisir et sa satisfaction. Il n'y a pas de bonne et de mauvaise façon de faire. Il faut éviter de se blesser en voulant faire plaisir à l'autre à tout prix. Il faut être à l'écoute de soi. Dès qu'un malaise apparaît, il y a là un signe évident que quelque chose ne va pas. Il faut en discuter avec son partenaire ou consulter, le cas échéant.

Le but de la sexualité, c'est d'avoir du plaisir et de la satisfaction certes, mais aussi celui de se rapprocher. Deux êtres humains qui vivent leur sexualité dans le plus grand respect. Je n'ai pas la prétention d'être sexologue ou sexothérapeute, c'est pourquoi je vais me limiter à certaines situations particulières que je rencontre dans ma pratique.

Bien que les problèmes sexuels soient différents pour chaque couple, certaines présentations reviennent plus souvent. Elles méritent une attention particulière. Nous allons jeter un coup d'œil sur certains facteurs de risque et les signes précurseurs d'un malaise en installation. Je passerai sous silence les troubles sexuels secondaires à des problèmes médicaux ou psychologiques. Je voudrais simplement amener le lecteur à réfléchir sur certains points qui puissent le guider dans une meilleure compréhension de sa sexualité au fil des ans et des circonstances afin d'éviter le plus possible l'apparition d'un véritable problème. Il existe de nombreux tabous et des préjugés tenaces qui ne facilitent pas le développement d'une vie sexuelle harmonieuse. Encore une fois, l'acquisition de nouvelles connaissances servira, je l'espère, à diminuer l'anxiété.

Les trois phases d'une relation sexuelle : la relation sexuelle se compose d'une phase de désir, d'excitation et d'orgasme. Chaque étape a sa propre particularité, la durée est variable sauf pour la phase orgasmique qui est plus courte que les deux autres. Trois étapes chapeautées par le plaisir et la satisfaction.

Le désir : c'est l'attirance, l'attrait, le goût, la tentation. C'est comme la soif et la faim. L'imagination est l'organe moteur du désir. Tous les messages visuels ou auditifs stimulent l'imagination qui invente ses scénarios : personne n'ignore que la tenue vestimentaire attire le regard et suscite l'envie. Les mots doux, les caresses et les effleurements sont autant d'ingrédients qui alimentent le désir. Tous les sens peuvent être mis à contribution pour éveiller le goût de faire l'amour. L'attente fait monter le désir. La séduction prépare le terrain; déclenche les mécanismes qui conduisent à l'excitation.

L'excitation : elle se traduit par l'érection chez l'homme et par la lubrification chez la femme. L'excitation peut se faire spontanément ou nécessiter la stimulation de zones érogènes susceptibles de provoquer une excitation sexuelle. Le pénis est certainement la partie du corps qui, stimulée, procure à l'homme la plus grande excitation. La stimulation clitoridienne et vaginale sont les sources d'excitation les plus importantes chez la femme. Il va de soi qu'il existe d'autres zones érogènes qui excitent. On n'a qu'à penser aux seins, aux fesses, aux lèvres etc. À chacun de découvrir ses zones érogènes. L'excitation varie durant la relation.

L'orgasme : c'est le point culminant du plaisir sexuel; le moment le plus intense. Il correspond à l'éjaculation chez l'homme. La définition de l'orgasme est plus globale, générale chez la femme. Il n'y aurait pas de plus grand plaisir que l'orgasme; c'est l'apogée. La femme peut avoir plusieurs orgasmes de suite. Chez l'homme il y a une période réfractaire, de repos après une éjaculation. L'orgasme n'est pas essentiel à une relation satisfaisante. C'est la cerise sur le gâteau. Chez la femme, il peut être provoqué par la stimulation clitoridienne ou vaginale. Le point G est également mis à contribution dans certains cas. L'orgasme provoqué par la stimulation clitoridienne serait plus intense.

Ces trois phases sont chapeautées par le plaisir et la satisfaction. Sensations variables dans le temps et différentes d'un individu à l'autre. C'est comme un repas. Un bon déjeuner peut donner autant de satisfaction qu'un repas à cinq services. Le plaisir se cultive. Manger la même chose tous les jours peut devenir fastidieux. Plus routinier que plaisant. Il en est de même pour la vie sexuelle. Toujours la même position et la même fréquence peuvent devenir ennuyeuses. Se faire plaisir, c'est se dorloter, prendre soin de soi. L'absence de plaisir pour quoi que ce soit est souvent un signe avant-coureur de déprime.

Sexualité et âge : les intérêts sexuels peuvent changer au cours d'une vie. Ils peuvent évoluer suivant certaines circonstances et selon les expériences agréables ou désagréables de chacun. La santé physique et la santé mentale jouent également un rôle important. Tout comme la prise de certains médicaments. L'âge est certainement l'une des préoccupations les plus importantes pour plusieurs. Bien sûr, on se souvient tous de nos performances de jeunesse; les hommes se rappellent comment il était aisé de bander à la vue d'un décolleté plongeant ou de rondeurs bien dodues. Quant aux femmes, peut-être se souviennent-elles davantage de l'éjaculation précoce des garçons.

En vieillissant les capacités sont toujours là; mais la préparation demande souvent plus de temps et d'imagination.

L'érection et la lubrification commandent souvent plus de caresses. Je me souviens d'un couple septuagénaire, tous deux cardiaques, que je questionnais sur leur vie sexuelle : *aucun problème,* me répond gentiment le mari; *il y a belle lurette que je ne bande plus; mais moi pis ma femme, on est capable d'affection et de tendresse.* Deux êtres charmants qui ont donné un sens à leur sexualité du troisième âge. La rencontre de deux corps dans la chaleur humaine. Le corps change avec le temps. La sexualité doit s'adapter tout autant. Je me souviens d'un couple dans la cinquantaine : le mari se plaignait que sa femme n'initiait jamais les rapports sexuels. Quelle ne fut pas la surprise de l'épouse d'apprendre ça : *à chaque fois que je voulais te caresser tu me repoussais tout le temps, tu avais peur de venir.* Le couple a compris qu'avec le temps il fallait modifier certaines approches. **L'éducation** : la façon dont l'éducation sexuelle a été transmise aura une influence sur le vécu de sa sexualité. Tout comme les expériences décevantes, agressantes ou autres. Il ne faut tout de même pas rester dans l'ignorance ou le doute. Il faut chercher de l'information ou de l'aide pour une vision plus globale. Il faut donc être prudent lorsqu'on transmet de l'information aux enfants. Il faut éviter de leur transmettre ses propres peurs. Il faut garder une écoute attentive et leur transmettre ce qu'ils sont prêts à entendre.

Beaucoup de parents s'inquiètent des premières relations sexuelles de leurs enfants. Bien sûr qu'il faut leur rappeler l'importance de se protéger des maladies transmises sexuellement et de la grossesse. Il faut aussi leur parler du plaisir ressenti. Il ne faut pas que les films pornos ou érotiques soient leur seule source de référence au plaisir, en les prévenant qu'ils ont le libre choix de leur plaisir. C'est comme pour un repas ou un buffet, on n'aime pas nécessairement tout ce qui nous est offert. Il faut aviser la jeune fille qu'elle n'est pas obligée d'accepter tout ce que son ami lui demande même s'il exerce certaines pressions du genre : *c'est in, toutes les filles font ça.* J'insiste toujours auprès des jeunes filles pour leur rappeler qu'elles ont le libre choix. Et que le plaisir est variable, parfois il y en a, d'autres fois, non. Il faut

apprendre aux garçons à respecter la volonté et les désirs de la jeune fille. Ils en seront d'autant plus récompensés.
Le sexe malade : comment peut-on reconnaître les symptômes ou les signes avant-coureurs d'un problème de sexualité du couple? Tout comme le physique et le mental, la santé sexuelle nécessite des soins, de l'entretien et des ajustements périodiques. Dès qu'il y a un malaise, que ce soit lors d'une expérimentation ou lors des relations habituelles, il faut en discuter. Il faut prendre du recul pour s'observer, s'écouter. La diminution de la fréquence doit faire sonner une petite clochette d'alarme. Il ne faut pas hésiter à consulter pour éliminer une cause organique ou mentale. Si l'investigation s'avère négative, il faut rechercher au niveau du couple ce qui ne fonctionne pas. Ça nécessite une bonne communication et parfois l'aide d'un thérapeute. Il faut se questionner sur les différentes étapes de la relation; s'agit-il d'un trouble du désir? De l'excitation? Ou de l'orgasme? Les pannes de désir sont fréquentes, la routine s'est installée graduellement, et la flamme s'est éteinte progressivement. Les excuses se sont multipliées laissant un grand vide sexuel entre les deux partenaires.

Comment améliorer sa vie sexuelle au lit avant qu'elle ne devienne un problème

La connaissance de soi et de l'autre : l'homme et la femme ont une perception différente de la sexualité, c'est bien connu. Et à l'intérieur de cette perception générale, chacun a sa perception personnelle, particulière qui relève de son éducation et de son expérience. La communication verbale et non verbale de ses désirs assure un meilleur respect de l'autre et favorise une plus grande harmonie sexuelle. Il faut être conscient que le mode de vie de l'autre peut être différent du sien.

Pour bien communiquer ses propres désirs à l'autre, encore faut-il bien les connaître. La masturbation s'avère l'une des meilleures façons de découvrir son corps et ses zones érogènes. Il est alors plus facile de communiquer à l'autre ce qui l'excite.

Il faut quand même laisser son partenaire découvrir certaines parties sensibles.

Améliorer ses connaissances générales : on parle de sexualité depuis peu. On a encore plein de choses à apprendre. Pourquoi ne pas vous mettre au diapason des nouvelles connaissances sur un comportement qui est cher à l'humain. La vie sexuelle ne fait-elle pas partie de votre vie de couple? Voici quelques questions pour éveiller votre curiosité.

Parlez-vous de sexualité avec votre conjoint?
Lisez-vous des livres ou des articles sur la sexualité?
Quels sont vos intérêts, vos goûts, vos préférences; les manifestez-vous à votre conjoint?
Initiez-vous la relation? Ou êtes-vous passif?
Quel est le dernier film érotique que vous avez vu?
Avez-vous expérimenté quelque chose de nouveau?
Votre vie sexuelle est-elle bien?
Êtes-vous créatif?
Vous masturbez-vous?

Ce ne sont pas des questions pour vous mettre mal à l'aise ou vous sentir coupable. Elles peuvent vous aider à mettre en perspective certains tabous, certaines craintes et certains préjugés. Il est possible d'approfondir les différents sujets en allant chercher les connaissances voulues.

Bien se préparer : comme on le fait pour manger. Il y a de bonnes habitudes alimentaires qu'on a développées au fil du temps et qui satisfont pleinement les plaisirs de la table. Il en est de même pour les relations sexuelles. Il y a certainement des formules gagnantes qu'on veut préserver et qu'on aime répéter.

Par ailleurs, aller souper au resto et exploiter de nouvelles expériences culinaires peut s'avérer un événement agréable et enrichissant. L'essai de nouvelles cuisines améliore la sensibilité des papilles gustatives. Partez à la découverte de nouvelles expériences sexuelles et raffinez vos goûts.

Il y a aussi les festivités, ces moments où on s'éclate dans la joie et la détente. Pourquoi ne pas organiser de petites fêtes sexuelles où les partenaires peuvent donner libre cours à leurs fantaisies. La table est mise; il n'en tient qu'à vous de concocter un bon repas.

Il y a le *fast-food*, les petites vites dans l'ascenseur, sur la banquette de l'auto, ou avant d'aller travailler. Les repas à trois ou quatre services présentent un intérêt certain à condition de prendre le temps de savourer chaque entrée. Quelques baisers langoureux le matin, des mains baladeuses, une petite note érotique dans la poche du manteau ou un téléphone obscène juste avant de quitter le travail alimentent les fantasmes les plus désinvoltes. Attention en conduisant sur le chemin du retour. Imaginez votre appétit lors du plat principal.

Prenez le temps de monter votre prochain scénario. Il n'est pas nécessaire de tout chambarder en même temps. Voyez si vous pouvez déplacer la scène habituelle de vos ébats amoureux, améliorer l'ambiance ou changer de décor. Un jeu de lumières tamisées, un parfum qui flotte et une musique doucereuse suffisent à créer une atmosphère propice aux échanges les plus ardents. Prenez le temps de vous découvrir à travers vos apparats les plus provocants. Éveillez vos sens à l'érotisme. Humez, goûtez, écoutez, regardez et touchez à volonté. Savourez chaque instant de ce partage intime et privilégié, dans l'abandon total au plaisir. N'hésitez pas à épicer vos rencontres, ça donne du goût. Essayez les positions qui sont *Yin, Yan et Yum* et qui font *Bing, Bang et Boum.* Que la fête commence.

Faire évoluer sa sexualité, c'est lui assurer une bonne santé. Prenez le temps de vous arrêter pour vous observer, identifier vos états d'âme afin de réagir avant que votre vie sexuelle ne tombe en panne. Ne compartimentez pas votre vie sexuelle, elle fait partie de vous; elle fait partie d'un tout.

CHAPITRE 10

ET POUR LES ÉTAPES DE LA VIE

Une jeunesse fragile – *L'estime et la confiance en soi – L'apprentissage – Sa relation avec l'argent – La sédentarité qui tue – L'activité principale du jeune – Conseils d'un étudiant permanent.*
– **Une vieillesse parfois difficile –** *Les préjugés – Vieillir en beauté – Le vieillissement chronologique et le vieillissement physiologique – Ce qui accélère le vieillissement – L'expectative de vie en bonne santé –Quelques secrets pour bien vieillir – La mort – Conclusion.*
– **La retraite –** *Un changement radical – Facteur de risque de maladie – Se préparer à la retraite (les finances n'y échappent pas, qu'en est-il de votre capital santé?, l'aspect psychologique, assurez-vous une certaine continuité, le choix des activités, qu'en est-il de votre vie à deux?) – conclusion.*

Après avoir fait le tour de certaines activités de la vie quotidienne afin d'en cerner les facteurs de risque de maladie et les signes précurseurs de malaise, poursuivons maintenant notre incursion au cœur même de certaines étapes de la vie. Le but de l'exercice consiste toujours à prendre conscience d'une situation de vie avant qu'elle ne devienne problématique.

Je ne parlerai pas des changements de cap à la trentaine, la quarantaine ou la cinquantaine. La ménopause et l'andropause ne feront pas partie de la discussion. Je réfère le lecteur à des études spécialisées sur ces sujets. Je limiterai mes réflexions à la jeunesse, la vieillesse et la retraite.

UNE JEUNESSE FRAGILE

Nicole et Jean sont terrassés. Mario, leur fils unique s'est suicidé. Ils ne comprennent pas ce qui ce qui s'est passé. Mario ne manquait de rien; il avait tout ce qu'il voulait.

Denis et Louise ont fait une crise à leur fille Jolaine. Ils l'ont surprise en train de consommer de la cocaïne. Pourquoi a-t-elle fait ça? Ils lui ont pourtant donné la meilleure éducation qui soit.

Quelques mots au sujet de la jeunesse, cette jeunesse bouillonnante qui commence à tout âge ou qui n'en finit jamais. Pour plusieurs c'est une période de tourmente, jonchée d'expériences difficiles : la première peine d'amour, les premières relations sexuelles, l'affirmation de soi à travers toutes les influences environnementales, le choix d'une carrière et la volonté de tout changer sans en avoir les moyens pour le faire.

Tout le monde s'accorde pour dire que les jeunes doivent vivre leurs expériences de vie pour façonner leur personnalité, pas à tout âge cependant, ni à n'importe quel prix, je crois. Les jeunes ont besoin d'aide, plus que jamais, même s'ils ne le démontrent pas ouvertement. Ils ont moins besoin d'être dirigés, comme des enfants, que conseillés et considérés, comme des adultes. La plupart des parents sous-estiment la portée de leur intervention et abandonnent souvent à la première discussion. Je vois encore mon fils rechigner devant mon insistance à faire des longueurs de piscine avant d'y barboter avec ses amis. Ce n'est que quelques années plus tard qu'il a compris l'importance de ces séances d'entraînement. Il profite aujourd'hui de tous les plaisirs de l'eau.

Il faut se rappeler que les jeunes vivent également beaucoup de stress et qu'ils n'ont pas toujours les outils nécessaires pour le gérer. L'instabilité familiale et les exigences académiques sont des préoccupations non dénuées d'angoisse, sans compter l'influence médiatique qui les bombarde d'impératifs au niveau de la performance. Il ne faut pas sous-estimer leurs problèmes. Le taux de suicide est inquiétant chez les jeunes tout comme le taux de décrochage scolaire. Les consommateurs de drogue et d'alcool se multiplient. Les parents ont un rôle de première importance tout comme les éducateurs, ils doivent se compléter. Je suis toujours étonné de voir certains parents chialer contre les professeurs, comme s'ils étaient responsables de leurs enfants. Imaginez un peu ce jeune, plus tard, aux prises avec l'autorité; papa ne sera plus là pour prendre son parti.

Il ne s'agit pas seulement de donner un coffre à outils aux jeunes pour faire face aux contraintes de la vie, encore faut-il leur montrer comment s'en servir. Il me vient à l'esprit une jeune patiente qui vivait une grande déception à la suite de ses premiers ébats amoureux. Elle connaissait tout de l'anatomie mâle et femelle de même que les moyens de se protéger d'une grossesse ou des maladies transmises sexuellement. Peu de connaissances cependant sur l'érotisme, les pouvoirs de la séduction, le plaisir... Encore beaucoup de tabous et l'influence de gens qui transmettent souvent des informations erronées.

L'estime et la confiance en soi : deux qualités essentielles qui en chapeautent beaucoup d'autres. On doit aider les jeunes à les cultiver. Ce n'est certainement pas à travers les médias que les jeunes vont bâtir l'estime et la confiance en eux. Beaucoup de jeunes ne sont pas satisfaits de leur apparence. La publicité fixe les critères de beauté. Les magazines de mode, les affiches publicitaires, les supports informatiques, la télévision et le cinéma laissent entrevoir des exigences trop difficiles à atteindre. Des modèles à imiter qu'on ne trouve à peu près pas dans la nature. Malheureusement, l'estime de soi passe trop souvent par la seule appréciation des autres. Bien sûr que le regard des autres sur soi est important, mais l'estime de soi ne doit pas dépendre exclusivement de cette appréciation. Il doit prendre racine en soi et être engraissé par les autres.

Il faut toujours manifester de l'encouragement et de la fierté pour les jeunes. Il faut surtout les encourager à être fiers d'eux-mêmes. Et non pas juste d'avoir répondu à l'appel. Il faut les amener à réaliser tout ce qu'ils ont fait par eux-mêmes et les bénéfices qu'ils en retirent pour eux-mêmes. Le jeune prend peu à peu conscience de ses capacités et de ses limites; il prend confiance en lui. Il devient moins dépendant de l'opinion d'autrui et des influences environnementales. Les termes : *Je suis content de toi; tu ne m'a pas déçu;* sont à bannir. Ils doivent être remplacés par : *Je suis heureux pour toi; tu dois être fier de ce que tu as fait.*

Il faut toujours chercher avec lui les expériences positives à développer. La critique négative ne sert à rien : *Fais pas ci; fais pas ça; je te l'avais pourtant dit; tu ne m'écoutes jamais. Quand vas-tu comprendre une fois pour toutes.* De tels propos nuisent à une saine communication. Et la culpabilité qu'ils engendrent nourrit la peur et l'insécurité qui nuisent au développement d'une personnalité forte, sûre d'elle-même. Il faut apprendre de ses erreurs pour grandir. L'apitoiement sur son sort n'aide en rien. C'est au parent qu'il appartient d'amener ses enfants à réfléchir sur leurs comportements. Ils sont en apprentissage, il faut les aider, pas les rabaisser.

L'apprentissage : les jeunes n'aiment pas se faire dire quoi faire. Ils en ont assez d'être *traités comme des enfants*. Ils viennent de sortir de leur enfance et ils aimeraient bien prendre part à leur destinée. Ils veulent donner l'impression qu'ils sont capables d'apprendre par eux-mêmes. Qu'ils n'ont pas besoin de personne. Alors, face à certains sujets délicats, pourquoi ne pas suggérer quelques lectures ou tout simplement laisser traîner des revues ou des livres bien en vue afin de susciter la curiosité. Vous serez étonné de leur intérêt. Ils se sentiront moins jugés et seront plus portés à partager leurs découvertes. Il n'y a pas toujours de la place pour *une discussion franche d'homme à homme ou de femme à femme* avec ses enfants. Tous les moyens sont bons pour éveiller l'intérêt et la créativité.

Sa relation avec l'argent : l'argent a pris une dimension démesurée, comme s'il n'y avait que ça pour être heureux. Tout se monnaie aujourd'hui. Les jeunes apprennent très vite à monnayer leurs services : sortir les vidanges, tondre le gazon, ranger sa chambre, tout a un prix maintenant. Il ne faut pas troquer un service pour de l'argent. Le jeune n'apprendra pas à rendre service, faire du bénévolat. Il cherchera toujours à en tirer un avantage pécuniaire ou autre. Bien sûr qu'il faut récompenser les jeunes, pas pour des services qu'ils rendent aux autres, mais pour leurs performances à l'école, dans les sports ou dans quelque activité constructive que ce soit.

Il va de soi que le jeune qui gagne de l'argent veut en disposer comme il l'entend. Il devient souvent un consommateur non averti. Cette habitude de consommer l'amène à se trouver un emploi en cours d'études pour se payer ses fantaisies. Et plus tard, à faire deux emplois pour répondre à ses désirs.

Le jeune doit apprendre certes la valeur de l'argent; mais il doit également savoir que le bonheur passe plus par le verbe *être* que par le verbe *avoir.* Vivre heureux et en harmonie avec soi et avec les autres commence par le développement de ses richesses intérieures, ses qualités et ses capacités. La richesse se mesure davantage par ce qu'on a dans le cœur et entre les deux oreilles que par le contenu de sa poche. Ce n'est pas l'argent qui fait de quelqu'un un être cultivé et raffiné. Je me souviendrai toujours d'une connaissance qui avait une toile de Marc-Aurèle Fortin, accrochée au mur. Il ne comprenait pas mon émerveillement, pour lui, il s'agissait d'un investissement, rien de plus. La peinture ne l'intéressait pas. Faites découvrir les arts à vos enfants, amenez-les dans les musées, au concert… Faites-leur découvrir plein de belles choses qui meubleront leur esprit. Ensemencez des graines qui peut-être un jour germeront. Développez sans cesse leur curiosité afin qu'ils soient plus sélectifs quand viendra le temps de faire des choix de vie. La culture générale a toujours sa place.

La sédentarité qui tue : la jeunesse, c'est l'action, la vie, l'énergie. Pas l'apathie devant l'ordinateur ou la télévision. Je suis toujours étonné de voir grossir nos jeunes et de les voir déconditionnés physiquement. Quand je demande à certains jeunes ce qu'ils font pour se maintenir en condition physique, beaucoup se satisfont de la marche. À 15 ou 20 ans, on devrait toujours être à la course; il ne faut pas se contenter de la marche. Envoyez vos jeunes jouer dehors; faire de la course, du jogging, jouer au tennis, au volley-ball… C'est une excellente façon de se garder en bonne santé, d'évacuer son stress et de bâtir son estime et sa confiance en soi. Il faut remettre les pendules à l'heure. On est en train de créer une race de *jeunes-vieux,* des jeunes blasés qui arrivent à la vingtaine, stressés, obèses et désabusés. Les statistiques sont effarantes. Parents, mettez vos culottes et brassez un peu la cage. Réveillez vos jeunes. C'est le temps de troquer du conditionnement physique pour du temps à l'ordinateur ou devant le téléviseur. Secouez-vous un peu. Il s'agit de vos jeunes, après tout, de l'espoir de demain. Dans quel monde voulez-vous qu'ils évoluent?

L'activité principale du jeune : on n'en sort pas, l'activité la plus importante du jeune, ce sont ses études; il n'y a pas à en sortir. Il faut s'instruire pour travailler, gagner de l'argent, fonder une famille etc. Les études ne doivent pas servir qu'à ça cependant. Elles doivent favoriser le développement de la discipline, la vie en société, l'acquisition de connaissances, une façon de penser et de développer sa créativité. Tiens, pourquoi ne pas leur faire faire des exercices de réchauffement avant chaque cours? Ce serait une excellente façon de développer une saine habitude qu'ils pourraient ensuite intégrer dans leur vie de tous les jours et à toutes leurs activités. Il faut cesser de tout compartimenter : *il y a un temps pour s'amuser, faire du sport...* Il faut chercher à intégrer tout ça dans son vécu. Il est possible d'apprendre quelque chose d'intéressant sur le conditionnement physique tout en le pratiquant. Comme il est possible d'apprendre quelque chose de sérieux tout en s'amusant. Soyez créatif. Les professeurs transmettent le savoir aux jeunes. Il leur faut découvrir de nouvelles façons de le transmettre. Je me souviens d'avoir lu deux livres fort intéressants : *le mètre du monde et le théorème du perroquet.* Deux approches nouvelles aux mathématiques. Il faut réinventer constamment notre façon de voir les choses.

Le trouble anxieux le plus important, c'est l'anxiété sociale, le contact avec les autres où on a peur d'être jugé, de ne pas être à la hauteur. On devrait intégrer le théâtre, les jeux de rôle, le dessin, la peinture et la musique à l'éducation obligatoire, des activités qui augmentent la confiance en soi. Les compressions budgétaires vous étouffent, soyez créatif. Pensez aux gens qui ont fait de grandes choses avec presque rien.

Pour les parents, il est impératif d'encourager leurs enfants à rester le plus longtemps possible à l'école. Il faut revaloriser l'école, les professeurs, s'intéresser à ce qu'ils font : *raconte-moi ce que tu as appris aujourd'hui;* ne vous arrêtez pas à : *ça a bien marché aujourd'hui.* Ouvrez la discussion.

Appelez le professeur de temps en temps. Informez-vous de votre enfant. N'attendez pas qu'on vous appelle. Établissez une complicité avec lui. Voyez comment vous pouvez vous aider à aider vos enfants. Tiens, tandis qu'on parle de prof. Combien de fois les avez-vous appelés pour les remercier de leur bon travail? Après tout, ce sont eux qui s'occupent en grande partie de l'éducation de vos enfants.

Conseils d'un étudiant permanent : beaucoup d'élèves étudient mal. Ils ne performent pas en classe. Ils deviennent angoissés. Ils dorment mal. Imaginez alors le degré d'attention qu'ils auront le lendemain. La dégringolade s'ensuit : ils ont de la difficulté à se concentrer et à suivre les cours. Finalement, ils assimilent peu de choses. Ils travaillent plus fort, sans succès. Ils finissent par se décourager. Ont-ils étudié suffisamment? Ont-ils une méthode de travail qui leur convienne? La période consacrée à la révision des cours est importante. C'est elle qui permet de mettre de l'ordre dans ses notes et d'apporter les corrections qui s'imposent. Elle se doit d'être efficace.

Il est impératif pour l'étudiant de reconnaître le temps d'étude qui lui convienne. Il faut être attentif à soi; être à son écoute. Il est nécessaire cependant d'étudier tous les jours et non seulement la veille de l'examen. Cette période doit servir à la détente. Plus vous mettrez la main à la pâte, meilleurs seront vos résultats. La mémoire ne vous fera pas faux bond le temps venu.

Retenez qu'il faut cesser toute activité intense avant d'aller au lit, que ce soit une activité physique ou intellectuelle. Il faut vous détendre, prendre un bain chaud, lire quelque chose de léger afin de favoriser le sommeil.

La plupart des étudiants que j'ai rencontrés vivent à peu près tous le même stress la veille d'un examen. Toute la matière à repasser. C'est décourageant de voir la pile de notes ou de livres à revoir quelques jours avant le moment fatidique. Pourquoi ne pas prévenir cette situation embarrassante?

Je conseille souvent à mes patients étudiants de se servir d'une enregistreuse. Les jeunes ont toujours un *baladeur* accroché aux oreilles. Ils peuvent ainsi soutirer d'un livre les informations importantes à retenir au lieu de perdre du temps à les retranscrire. Il est facile alors d'écouter les cassettes à tout moment de la journée que ce soit en métro, dans le salon ou sur un banc de parc... Il suffit de mettre l'enregistreuse à pause pour assimiler la matière. Il n'y a qu'à fermer les yeux et se concentrer. Il y a une économie réelle d'énergie, je vous assure. Tentez l'expérience.

Il y a plein de trucs à découvrir et à exploiter quand on veut améliorer sa méthode de travail. Il y a certainement un conseiller pédagogique qui peut vous orienter là-dessus. Peut-être vous permettrez-vous un peu de temps libre pour faire autre chose, suivre des cours complémentaires, développer un hobby. En tout cas, il y a de fortes chances pour que vous arriviez à mieux gérer votre stress.

Parents, suivez le développement de vos jeunes. Apprenez avec eux. Ils sont à l'avant-plan de tout ce qu'il y a de nouveau. Échangez vos connaissances. Enrichissez-vous mutuellement. C'est peut-être vrai que *les jeunes vont apprendre comme on l'a fait*. Mais avons-nous bien appris et sommes-nous comblés et heureux de tout ce que nous avons appris. Un petit coup de pouce aurait peut-être fait toute la différence...

UNE VIEILLESSE PARFOIS DIFFICILE

Léopold vient d'atteindre ses 80 ans péniblement. Ses problèmes cardiaques, son hypertension et son diabète sont bien contrôlés. Il ne fait pas grand chose, il s'ennuie, il semble attendre la mort. Il écoute la télévision du matin au soir. Il a mal partout. Il a peur de tout. Il croit être en dépression; son médecin pense le contraire.

Henriette dépasse 82 ans; elle prend sa marche tous les jours; elle joue régulièrement au bowling et suit des cours de danse de lignes. Elle ne manque jamais une partie de cartes avec ses amis. Elle lit les revues à potin; ça l'amuse. Elle raffole des mots mystère. Elle écoute rarement la télévision; pas plus d'une heure ou deux par jour. Elle est pleine de vitalité, à la grande joie de son médecin.

La population vieillit de plus en plus. La médecine moderne repousse constamment la date d'échéance de notre vie. On prédit qu'il y aura de plus en plus de centenaires dans les prochaines années. Pour beaucoup, se voir vieillir représente une source d'angoisse, une période difficile à concevoir.

La vieillesse inquiète pour la perte d'autonomie, la maladie et l'isolement social auxquels elle semble condamner l'être humain. Un lourd fardeau à porter après une vie bien remplie. Avenir peu reluisant lorsqu'on regarde certains de nos vieux attendre patiemment la mort.

En vieillissant, les enfants occupent de plus en plus d'espace autour d'eux. Ils retirent tout ce qu'ils peuvent de leur entourage. L'adulte se donne aux autres, à sa famille, à son travail. Il se vide littéralement. Avec le vieillissement l'univers rétrécit certes, mais les responsabilités aussi. Le temps appartient aux plus vieux. Ils peuvent faire plein de choses à leur mesure et réaliser certains projets laissés en plan, faute de temps.

On ne perçoit pas le vieillissement d'une année à l'autre. Avec toutes les facilités de la vie moderne, les exigences physiques des activités de la vie quotidienne restent longtemps en deçà des capacités individuelles d'y répondre. Les escaliers mobiles et les ascenseurs ont remplacé les escaliers, et l'automobile a considérablement réduit les déplacements à pied. Les efforts physiques sont limités au minimum.

On se rend davantage compte du vieillissement lorsqu'on change de groupe d'âges. Plusieurs acceptent mal le passage de 40 ans à 50, 60 ou 70 ans. Pourquoi ne pas vous servir de ce chiffre de passage pour réfléchir sur le type de vieillesse que vous voulez vivre : une vieillesse passive ou une vieillesse active? Il n'est jamais trop tard pour apporter des correctifs à votre mode de vie afin d'augmenter vos chances de vieillir en beauté.

Les préjugés : il est faux de prétendre qu'en vieillissant il n'y a plus rien à faire, qu'on est voué à l'inactivité, à la maladie. S'accrocher à cette idée, c'est se condamner à l'échec. La personne âgée peut améliorer sa condition tout comme le malade peut améliorer sa santé avec les médicaments. Le corps ne suit plus comme avant, mais l'esprit reste souvent alerte bien au-delà de la perte des capacités physiques. Les capacités intellectuelles diminuent moins vite que les capacités physiques. L'esprit n'est pas ankylosé comme les articulations, alors pourquoi ne pas lui permettre de s'épanouir davantage?

Les personnes âgées réclament un repos bien mérité après une vie de travail difficile. En contrepoids à cette vie active, elles deviennent souvent sédentaires, ce qui accentue le processus de vieillissement en accélérant la diminution de leurs capacités. Il a été démontré que l'activité physique régulière donne des bénéfices autant chez les personnes âgées que chez les jeunes.

Vieillir en beauté : la vieillesse peut être une belle étape de la vie à condition de bien s'y préparer. Regardez autour de vous comment il est possible de vivre une vieillesse agréable. Les journaux regorgent des prouesses de nos aînés. Je me souviens du sourire de satisfaction d'une octogénaire qui venait d'obtenir un diplôme universitaire. Un autre qui venait d'apprendre à lire et à écrire. Quelle satisfaction de réussir là où on a longtemps prétendu que ça n'appartenait qu'à la jeunesse. L'un de mes patients se demandait quoi offrir à sa vieille mère handicapée qui s'ennuyait, isolée dans son logement. Je lui ai recommandé de la brancher sur Internet. Ça n'a pas été facile au début. Maintenant elle n'arrive plus à décrocher. Elle voyage partout à travers le monde et communique avec des amis français. Un autre de mes patients, octogénaire, s'entraîne quatre fois par semaine pour des compétitions de natation. Du bois vert. Vous devriez voir sa vivacité. Il est plus alerte que beaucoup de jeunes que je connais. J'ai plein d'exemples de personnes âgées qui ne se sont pas laissé abattre par la peur de vieillir et qui n'ont pas abdiqué devant la maladie ou les conséquences du vieillissement. L'une de mes patientes, lourdement handicapée, m'a nettement impressionné lorsqu'elle m'a montré les photos des dernières toiles qu'elle venait de peindre : *« Vous savez, docteur, tout ce que ça prend, c'est une main qui ne tremble pas trop et une vue satisfaisante »*. Quel témoignage!

Questionnez vos aînés, ils vont vous apprendre plein de belles choses sur cette étape de la vie. Bénéficiez de leurs expériences et de leurs connaissances qui se sont accumulées au fil des ans. Informez-vous de leurs activités, vous verrez tout ce qu'ils arrivent à faire. Les clubs sociaux pour personnes âgées pullulent de gens actifs et déterminés. Des gens qui rayonnent de joie. Regardez autour de vous : vous serez étonnés de voir qu'il y a des jeunes qui vieillissent précocement et des vieux qui restent jeunes.

Le vieillissement chronologique et le vieillissement physiologique : chaque anniversaire de naissance marque le passage du temps. Les années s'accumulent avec tous ses changements : le miroir ne nous renvoie plus l'image de nos belles années. Les capacités physiques diminuent progressivement. L'univers autour de soi rétrécit peu à peu. Heureusement, personne ne vit ces bouleversements au même rythme et avec la même intensité. La courbe de vieillissement varie d'un individu à l'autre. On connaît tous des personnes âgées qui ne paraissent pas leur âge, qui se démarquent de la moyenne. Des gens qui semblent avoir contrôlé ou ralenti le processus du vieillissement. Des gens qui préservent un niveau d'activité incroyable jusqu'à la veille de leur mort. Des gens dont la courbe de vieillissement physiologique ne suit pas celle du vieillissement chronologique. Quel en est leur secret? me demanderez-vous. C'est ce que nous allons voir un peu plus loin.

Ce qui accélère le vieillissement : quand on est jeune, on a la santé avec soi et la vie devant soi. On peut en faire ce qu'on veut. Mais attention! Si on abuse, il faudra un jour en payer le prix.

En vieillissant, la maladie nous rattrape vite si on ne prend pas soin de sa santé physique et mentale. Il faut ajuster régulièrement son mode de vie afin de ne pas donner libre cours aux maladies latentes. La courbe de vieillissement prend alors une tangente abrupte. La qualité de vie est alors sérieusement compromise d'autant plus que la résistance physique diminue avec l'âge. Rappelez-vous qu'en vieillissant, les risques de maladies augmentent. Il ne faut jamais cesser de travailler à se maintenir en bonne santé. Et même si la maladie frappe, il est toujours possible de préserver ou améliorer ce qui reste. Encore est-il possible de développer également d'autres avenues intéressantes qui assurent une qualité de vie convenable. Beaucoup de personnes âgées en perte d'autonomie découvrent de nouvelles façons de s'adapter à leur situation.

La sédentarité accélère également le vieillissement. Ne rien faire contribue à l'ankylose, et la perte de mobilité des articulations entretient l'immobilisme. Alors, c'est le cercle vicieux, la fonte musculaire s'accentue et la faiblesse s'installe peu à peu. Les risques de chute avec fracture guettent la personne âgée, surtout que l'ostéoporose, ou perte de masse osseuse, augmente avec l'âge. Les os perdent de leur dureté et ont tendance à se casser plus facilement.

La paresse intellectuelle contribue également au vieillissement précoce. Il a été démontré que l'activité intellectuelle soutenue joue un rôle non négligeable dans la prévention de la maladie d'Alzheimer

L'expectative de vie en bonne santé : l'espérance de vie chez une femme est de 82 ans en moyenne, tandis que chez l'homme elle est actuellement de 78 ans. Par ailleurs, l'expectative de vie en bonne santé est moindre de 6 à 8 ans chez l'individu dont la condition médicale se détériore. Les personnes ainsi affectées y voient leur qualité de vie passablement perturbée dans les dernières années de leur vie. Tandis que celui qui concourt à préserver sa santé par une bonne hygiène de vie risque de voir sa qualité de vie amochée dans la dernière année de sa vie seulement.

Il est important de conserver une bonne qualité de vie jusqu'à la fin de ses jours.

Quelques secrets pour bien vieillir : la plupart des personnes âgées qui bénéficient d'une bonne qualité de vie ont toutes quelque chose en commun. Elles sont animées d'un esprit positif et elles manifestent plus de sérénité devant les vicissitudes de la vie. Même si elles font toujours face aux mêmes stresseurs, elles réagissent différemment aux problèmes de la vie. « *J'ai passé l'âge de m'en faire, docteur; j'ai eu ma part de problèmes, maintenant je les laisse aux autres.* » Une excellente philosophie devant un seuil de tolérance qui s'affaiblit avec le temps. Trop de personnes âgées supportent jusqu'à leur mort les problèmes de leur entourage. D'autres me diront : *Il y en a des pires que moi, vous savez.* À chacun de trouver sa façon de s'imperméabiliser aux aléas de la vie.

Beaucoup de personnes âgées vivent un isolement social. Des êtres chers disparaissent autour d'eux. La solitude peut les conduire à la dépression. Je me rappelle cette vieille dame toute en pleurs : *docteur, pourriez-vous me prendre; je n'ai plus de médecin.* Elle était désemparée, son médecin qu'elle consultait depuis plus de 25 ans venait de mourir.

Il est impératif de combler le vide social chez les personnes âgées par de nouvelles connaissances ou de nouveaux amis avec qui elles peuvent partager et communiquer. Je recommande souvent à mes patients d'adhérer aux groupes sociaux de leur communauté. La participation à toutes sortes d'activités crée de nouveaux liens. Pour certaines personnes cependant un animal de compagnie peut suffire. Que ce soit un chien, un chat ou un oiseau. En plus de parler à leur animal et le caresser, elles doivent s'activer physiquement pour en prendre soin.

La pratique régulière d'une activité physique est de toute première importance chez la personne âgée. Elle augmente le tonus musculaire, maintient la mobilité articulaire et préserve l'équilibre, de plus, elle améliore la condition cardiorespiratoire. Seule la performance diminue avec l'âge. Il faut adapter le programme de conditionnement physique à chaque individu en respectant son rythme et sa vitesse d'exécution. Je privilégie les activités de groupe pour briser l'isolement. La marche demeure une activité accessible et efficace pour tous. Il ne faut pas oublier les exercices d'assouplissement des membres supérieurs et des membres inférieurs. Le cou et les hanches ne doivent pas être épargnés pour autant. L'un de mes patients a appris à nager à 68 ans, un autre suit des cours de danse, et un autre fait partie d'une ligue de bowling. Il y a des activités physiques pour tous les goûts et à la mesure de chacun.

Le conditionnement intellectuel favorise le maintien de la mémoire et contribue à préserver le jugement. Beaucoup de personnes âgées développent des peurs disproportionnées; leurs seules références proviennent souvent des nouvelles à sensation. Elles n'arrivent plus à les interpréter correctement et à les confronter à la réalité. Tout ce qui se passe dans la société finit par les affecter. L'une de mes patientes m'avouait se barricader dans sa maison de peur d'être agressée par des voleurs : *Les voleurs s'en prennent maintenant aux personnes âgées, vous savez.* Un cas isolé qui avait pris tournure de règle générale.

Encore une fois je favorise les jeux de société en groupe. Les jeux de cartes ont toujours la faveur populaire. La lecture, les mots croisés et les mots mystère en passionnent plus d'un. Ma mère qui est âgée de 80 ans, lit un roman à tous les deux jours. Son esprit est alerte et sa mémoire intacte. L'ordinateur prend de plus en plus de place dans les activités des personnes âgées. N'ayez pas peur d'encourager vos vieux dans ce domaine. Prenez quelques heures pour leur enseigner les rudiments de la navigation sur Internet. Ils en seront émerveillés. Apprenez-leur à correspondre avec vous sur votre réseau. Ils en seront flattés et reconnaissants.

La créativité a toute sa place et les personnes âgées, tout leur temps. Achetez-leur un kit de peinture à l'huile ou un kit d'artisanat. Achetez à votre mère quelques balles de laine pour vous tricoter un chandail.

Enfin, j'ai remarqué que les personnes âgées qui ont une vie spirituelle active s'en sortent plus facilement lorsque surviennent des difficultés. Elles trouvent le réconfort dans la prière.

La mort : la mort comme la vieillesse fait partie de la vie. Elle nous côtoie tous les jours, que ce soit au cinéma, à la télévision, dans les journaux, dans les romans... On la banalise, la repousse et l'ignore. *Ça n'arrive qu'aux autres.* La réalité est pourtant là : *On va tous mourir un jour ou l'autre, le riche comme le pauvre.* Comment l'apprivoiser alors qu'elle nous cache tant de mystères?

Certains croient à la réincarnation, d'autres pas. En tout cas tout le monde espère quelque chose de mieux. Laissez-moi vous raconter comment l'un de mes patients décrit son au-delà : *toutes les questions que je me suis posées toute ma vie vont trouver réponse. Mon esprit va se confondre avec l'espace et le temps.* Ses yeux s'écarquillaient devant les secrets de l'histoire et de l'univers. À chacun son scénario. Personne n'est revenu nous révéler les secrets d'outre-tombe.

Conclusion : vivre une vieillesse active et à sa mesure demande certains efforts pour y arriver. Lorsque le corps ne suit plus, il reste toujours le cerveau et la vie spirituelle qui s'élèvent au-dessus de lui.

Toutes les personnes âgées doivent consulter périodiquement leur médecin afin de vérifier leur état de santé, l'acuité de leurs sens dont la vue et l'ouïe, en particulier, de même que la mise à jour de leurs médicaments. En compilant toutes ces données, il sera possible d'établir une stratégie adaptée à chacun afin de maximiser les capacités fonctionnelles résiduelles.

LA RETRAITE

Denis a 54 ans. Sa compagnie est en pleine réorganisation. On l'a poussé à la retraite en lui faisant des offres alléchantes qu'il ne pouvait refuser. Il a été pris de court; il n'était pas prêt. Il s'est résigné malgré tout mais il ignore ce qu'il va faire.

Lucie ne cesse de compter les jours qui lui restent à travailler. Plein d'activités l'attendent à la retraite : ses cours de peinture, l'écriture de son deuxième roman, des cours d'espagnol et beaucoup de cyclotourisme. Elle n'a pas l'intention d'attendre qu'il se passe quelque chose dans sa vie.

Jadis, la retraite coïncidait avec la perception du premier chèque de pension de vieillesse, à 65 ans. Aujourd'hui, elle se prend de plus en plus tôt. Vous vous souvenez de la publicité *Liberté 55?* Les gens veulent profiter de la vie *tandis que j'en suis encore capable* me répètent souvent des patients dans la cinquantaine.

La plupart des gens vivent allègrement leur retraite, d'autres attrapent *un coup de vieux.* Ils s'ennuient, ils ne savent pas comment occuper leur temps. Je connais des patients qui sont retournés au travail après quelques mois de retraite anticipée. Ils n'étaient pas préparés à ce changement de vie.

Ce n'est pas la retraite qui est un problème, c'est la façon dont on la perçoit et on l'aborde. Pour certains, c'est la fin de tout un monde, pour d'autres, c'est le début d'un monde nouveau. C'est une étape inévitable de la vie qui mérite une attention toute particulière d'autant plus qu'elle peut durer plusieurs décennies. Il faut s'y préparer adéquatement.

Un changement radical : hier vous étiez occupé à travailler tous les jours. Votre horaire était bien structuré. Voilà que maintenant vous avez devant vous une période de *vacances* indéfinies. Il s'est créé un trou, un grand vide dans votre vie active. Votre vie était organisée, maintenant vous devez l'organiser vous-même. Tout un défi, surtout si votre travail représentait la seule activité de votre vie. Comment combler ce vide?

Et si votre conjoint ne travaille pas, il faudra apprendre à vivre à deux, 24 heures sur 24. J'ai rencontré plusieurs dames qui n'étaient pas très heureuses de voir débarquer leur mari dans leur environnement. Période d'adaptation parfois houleuse et difficile.

Facteur de risque de maladie? En plus du chèque de paye, le travail procure certains bénéfices physiques, intellectuels et sociaux non négligeables. Sans compter qu'il favorise le développement de l'estime et la confiance en soi. Les exigences physiques et les efforts de concentration au travail font contrepoids à la sédentarité et à la paresse intellectuelle, facteurs de risque de plusieurs maladies. L'isolement social prédispose à la dépression.

Il ne faut donc pas perdre ses acquis. L'inactivité et le déconditionnement accélèrent le processus de vieillissement et le développement d'une maladie latente. Profitez de cette grande liberté de temps et d'action pour faire quelque chose de valorisant. Cette période de la vie qui vous met à l'abri des soucis du travail ne doit pas dégénérer en déprime.

Se préparer à la retraite : qu'on le veuille ou non la vie opère des changements inévitables. Pour éviter des bouleversements majeurs une préparation adéquate favorise le passage en douceur d'une activité de vie à une autre.

Les finances n'y échappent pas : il n'y a pas de retraite rêvée sans d'abord avoir pris soin d'assurer sa sécurité financière. Un fonds de retraite ne se ramasse pas à midi moins quart, quelques années seulement avant le grand départ. Le bureau des ressources humaines de votre employeur peut statuer sur votre état financier au moment de la retraite. Des conseillers peuvent vous aider à budgéter votre retraite à long terme. Il ne faut pas vous créer des misères même si parfois vous devrez vivre certaines privations. Il est important de faire un choix éclairé. La plupart des retraités que je connais se sont préparés de longue date en investissant dans des fonds collectifs ou dans des REER. Ils sont excités à l'idée de se permettre un repos bien mérité en faisant *la dolce vita.*

Soit dit en passant, si vous voulez offrir un cadeau intéressant à vos enfants, ouvrez-leur tout de suite un compte REER. L'indépendance financière leur permettra peut-être un jour une plus grande liberté de choix dans leur mode de vie. Une fin de carrière par choix est sûrement plus agréable qu'une fin de carrière par obligation monétaire.

Qu'en est-il de votre capital santé? Beaucoup de patients restent songeurs lorsque je m'informe de leurs investissements dans un REER-SANTÉ; condition importante à la réalisation de bien des rêves. Il n'est jamais trop tard pour corriger son mode de vie afin d'éviter l'apparition de certaines maladies. Plus vous mettez de l'énergie dans votre santé physique et dans votre santé mentale, meilleures sont vos chances d'aspirer à une bonne qualité de vie. Je rencontre des gens, des rêves plein la tête, mais pas de santé pour les réaliser. Quelle tristesse!

L'aspect psychologique : comme on l'a vu pour la vieillesse, la retraite aussi comporte des pertes. Ne vous arrêtez pas sur ce que vous faisiez ou sur ce que vous ne pouvez plus faire. Regardez en avant. Voyez ce qui s'offre à vous; tous les projets mis en veilleuse pour vos *vieux jours.* C'est le temps de les sortir du *grenier*. J'espère que vous en avez quelques-uns!

Assurez-vous une certaine continuité : l'activité physique et mentale sont garantes d'une retraite en bonne santé. Vous avez maintenant le choix de l'activité et vous êtes libre de déterminer le moment et le rythme qui vous conviennent. Le total de vos nouvelles activités doit correspondre jusqu'à un certain point à la somme des activités physiques et mentales que vous aviez coutume de faire durant votre travail. Trente à 45 minutes de marche rapide suffiront à remplacer tous les petits déplacements d'une journée de travail. Une lecture concentrée en fera de même pour les efforts intellectuels. Faites vos propres calculs. C'est le minimum qui vous assure une certaine continuité et vous évite le déconditionnement, piège incontournable de la retraite. Plus vous garderez la forme, meilleures seront vos chances de bénéficier pleinement de votre retraite.

Le choix des activités : quant aux choix d'activités plus élaborées qui meubleront les nombreux temps libres, les retardataires sauront profiter de leur première année de retraite pour s'y préparer adéquatement. Ne faites pas comme ceux qui attendent qu'il se passe quelque chose dans leur vie. Partez à la conquête de votre bonheur. C'est plus agréable d'avoir plein d'activités qui vous attendent que d'être dans l'attente perpétuelle qu'on s'occupe de vous.

Beaucoup de retraités vivent leur première année de retraite comme une grande vacance. Ils ont besoin de goûter les quatre saisons dans une douce transition. Les tempêtes de neige n'ont pas la même apparence quand on n'a plus besoin de sortir pour se rendre au boulot! Et que dire du plaisir de savourer 4 mois d'été au lieu d'une maigre vacance de deux à trois semaines! Les nouveaux retraités veulent décanter, évacuer le stress cumulé pendant toutes ces années de travail acharné. Quelle sensation agréable de se sentir enfin libre.

C'est la période idéale pour reprendre contact avec soi, retrouver les projets laissés en plan, faute de temps. C'est le temps d'en découvrir d'autres. Parlez à des retraités. Abonnez-vous à des revues où on vous donne de précieux conseils sur cette période de votre vie enrichissante. Suivez des cours de langue, des cours de danse, de popote; votre conjointe adorera. Développez au maximum votre curiosité, votre potentiel. Après tout, vous le faites pour vous cette fois-ci, et non pour votre employeur ou quelqu'un d'autre. Élargissez vos horizons, le temps vous appartient. Ne gâchez pas votre retraite dans l'oisiveté. Faites-vous de nouveaux amis, partagez vos expériences de vie et découvrez-en de nouvelles. Pourquoi ne pas en faire profiter d'autres? Faites du bénévolat. Faites du bien gratuitement; c'est très valorisant. Gardez-vous toujours alerte physiquement et intellectuellement. Ne vieillissez pas trop vite

Qu'en est-il de votre vie à deux? Madame ou monsieur est-il prêt à vous accueillir ou à vous *endurer* toute la journée? Il y a des gens qui ne peuvent se supporter plus de deux heures. Imaginez les confrontations. Quelle horreur. Encore un fois l'adaptation a *bien meilleur goût.* La communication dans le calme favorise le rapprochement. Tant les activités individuelles que les activités de couple doivent être respectées. Profitez de l'occasion pour repenser votre avenir à deux. Offrez-vous un second départ.

Conclusion : j'entends souvent dire dans mon bureau : *j'aurais dû.* Des gens qui n'ont pas su bénéficier de la vie au bon moment. Pour ceux qui peuvent se permettre une retraite hâtive, n'attendez pas que la maladie vous rattrape et qu'elle mette un terme à vos rêves les plus chers. Discutez de votre avenir médical avec votre médecin. Peut-être vous aidera-t-il à prendre une décision éclairée.

CHAPITRE 11

GUIDE PRATIQUE POUR LE PATIENT

Qu'en est-il de la consultation médicale? – Tout commence par l'écoute de soi – La trousse-maison – Son journal médical – À propos des médicaments – À propos des produits « naturels » – À propos de la maladie.

Georgette vient d'aménager dans un nouveau quartier. Elle est toute enjouée à l'idée de rencontrer le médecin qu'on lui a recommandé. Elle lui raconte sa grande opération d' il y a plusieurs années, mais elle ignore pourquoi. De plus elle lui signale prendre des petites pilules bleues pour son cœur et des jaunes pour ses os...

Jean-Paul connaît peu ses antécédents : trois de ses frères sont morts de cancer généralisé. Il ignore de quel type de cancer il s'agit.

Mélanie amène son petit à la clinique. Il fait de la fièvre mais elle ignore combien. Elle n'a pas de thermomètre.

André ne se sent pas très bien depuis quelques jours; il a décidé de prendre tous ses médicaments au petit déjeuner.

Henriette commence mal son voyage; elle a oublié ses médicaments; elle en ignore le nom et leur fonction.

Maurice recommence à tousser; il n'a pas terminé sa prescription d'antibiotiques; il les a cessés; il se sentait mieux.

Jean-Guy a passé des radiographies de son tube digestif il y a deux ans; il ne se souvient pas des résultats.

Les médecins vivent quotidiennement ce type de situations. L'échange incomplet d'informations complexes et l'inobservance des traitements nuisent au bon suivi médical. Tous les intervenants dans le domaine de la santé ont à cœur d'améliorer la qualité des soins. Le patient doit jouer un rôle actif dans sa relation avec eux. N'est-il pas le centre d'intérêt, la personne la plus importante? Il doit collaborer étroitement au bon déroulement de la visite médicale. Il doit assumer ses responsabilités quant aux recommandations qui lui sont faites. Sa santé n'est-elle pas son bien le plus précieux?

On se plaint beaucoup du délai d'attente en consultation. Le patient bien préparé à l'entrevue peut faire épargner un temps précieux. Une économie de quelques minutes seulement par entretien peut représenter un temps considérable en bout de ligne. Faites le décompte, pour 25 patients par jour, multiplié par quelques milliers de médecins… Impressionnant n'est-ce pas?

Alors comment peut-on améliorer son rapport avec le domaine de la santé et sa relation avec les intervenants afin d'avoir le meilleur suivi médical possible?

Qu'en est-il de la consultation médicale? Les patients consultent pour des symptômes qui surviennent spontanément ou à la suite d'une condition médicale qui se détériore. Il y a également les visites de contrôle et les bilans préventifs.

Ayez toujours soin de noter la date et l'heure précises de votre rendez-vous. Prière de l'annuler ou de le reporter si vous ne prévoyez pas y donner suite. Plusieurs patients omettent de le faire. Ils privent quelqu'un d'une consultation. Il s'agit là de politesse et de respect élémentaires.

Plusieurs patients veulent changer de médecin dès qu'ils voient une clinique faire son apparition dans leur quartier. Sachez qu'il est préférable de garder le même médecin; il vous connaît bien. Il agit comme chef d'orchestre dans votre dossier médical. Je suis toujours étonné de voir certains patients vouloir tout recommencer à zéro pour sauver un peu de temps. Facilité quand tu nous tiens! Je vous suggère également de conserver le même pharmacien. Il tient sur vous un fichier complet de tous vos médicaments.

Évitez de consulter pour tout et pour rien dès qu'un symptôme apparaît. Le système de santé est surchargé. Votre pharmacien peut vous recommander un traitement d'appoint pour certaines affections mineures. Par ailleurs, s'il y aggravation ou persistance des symptômes, n'hésitez pas à consulter votre médecin.

Pour la majorité des gens en bonne santé, la plupart des rhumes et des infections respiratoires banales se résorbent d'eux-mêmes ou répondent très bien à un traitement symptomatique. Les médicaments sans ordonnance doivent cependant faire l'objet d'une attention particulière s'ils sont pris avec d'autres médicaments. Votre pharmacien pourra vous informer des interactions médicamenteuses possibles. Sachez également que les produits dits *naturels* ne sont pas totalement inoffensifs.

Il faut par ailleurs être vigilant et ne pas hésiter à consulter dès qu'une condition médicale se détériore. La marge est parfois mince entre un changement bénin et une complication grave. Mieux vaut prévenir…

Quant aux rendez-vous périodiques, ils permettent de faire le point sur votre état de santé en général, ou sur une condition particulière. On est souvent mauvais juge d'une condition qui se détériore lentement. Un recul de quelques semaines ou quelques mois permet à votre médecin d'avoir une vue d'ensemble sur votre situation. Peut-être bénéficierez-vous également d'un nouveau traitement plus adapté à votre condition. Même si, en apparence, tout semble aller pour le mieux, ne négligez pas vos rendez-vous périodiques. Les hypertendus n'ignorent pas que leur tension artérielle peut changer sans qu'ils en éprouvent des malaises pour autant.

Les examens physiques et les examens de laboratoire sont essentiels pour le suivi de certaines maladies chroniques et pour le dépistage de maladies silencieuses. Règle générale, un bilan de santé annuel s'impose chez tous les gens qui ont à cœur leur qualité de vie

La consultation médicale se veut une rencontre interactive. N'hésitez pas à poser des questions. Vos préoccupations méritent toute l'attention de votre médecin.

Tout commence par l'écoute de soi : prenez le temps de documenter vos malaises quant à leur mode d'apparition, leur intensité, leur fréquence et leur durée. Toutes ces questions vous seront posées lors de l'entrevue. Prenez quelques moments pour les noter, les préciser. Plusieurs patients oublient la moitié de leurs préoccupations lorsqu'ils se présentent en consultation. Ce n'est pas le temps de faire des efforts de mémoire. Apportez votre liste, pas un roman cependant. Les migraineux qui tiennent un journal de leurs migraines savent en reconnaître les facteurs déclenchants. Les patients allergiques et les asthmatiques connaissent également les bienfaits d'une telle pratique. Vous avez un problème digestif ou vous souffrez d'embonpoint. Pourquoi ne pas faire un petit bilan alimentaire sur quelques jours. Des informations précieuses qui rendront la consultation plus enrichissante.

La trousse-maison : il est essentiel d'avoir une trousse de premiers soins à la maison. Vous en trouverez facilement de bonnes en magasins ou dans une pharmacie. N'oubliez surtout pas de l'apporter lors de vos déplacements. Elle vous évitera bien des désagréments.

La fièvre se mesure avec un thermomètre. Il y en a qui sont peu coûteux et qui vous avertissent de la lecture. Les chiffres apparaissent en centigrades. Vous faites de la fièvre si vous dépassez 37 degrés. Demandez à votre pharmacien des médicaments qui abaissent la température.

Il est également important d'avoir une balance pour connaître votre poids. Un contrôle périodique vous permettra peut-être de réagir à temps avant d'être obligé de changer votre garde-robe. Il s'agit là d'un minimum. J'aime bien avoir toutes ces informations afin de les comparer avec mes observations. C'est plus facile de me faire une idée de l'évolution de la condition médicale de mon patient.

Quant aux patients qui souffrent d'hypertension, je leur recommande l'utilisation d'un sphygmomanomètre. Il est conseillé de prendre la tension artérielle le matin, avant la prise des médicaments. C'est habituellement le moment de la journée où la pression est la plus élevée.

Tous les diabétiques doivent avoir un appareil qui mesure leur taux de sucre en circulation, ces appareils mesurent la glycémie capillaire. Le diabète est une maladie à auto-contrôle qui nécessite des mesures régulières pour un meilleur contrôle. Il va de soi que tous les résultats doivent être judicieusement compilés et présentés au médecin lors de la consultation. La participation du malade est essentielle pour un succès optimal.

Son journal médical : c'est son histoire médicale, sa biographie médicale, son livre de bord. Les premières pages doivent faire étalage du bagage héréditaire que vous avez hérité à votre naissance. Il est important de répertorier tous vos antécédents médicaux et chirurgicaux en précisant les maladies pour lesquelles vous avez été traité. Profitez-en également pour faire l'inventaire de vos antécédents familiaux. Vous savez qu'il y a des maladies héréditaires qui peuvent se développer tardivement et dont on peut en modifier l'évolution. Il n'est jamais trop tard pour faire des recherches sur les parties nébuleuses de votre existence médicale.

Lors de chaque visite à caractère médical, notez les conclusions de la rencontre ainsi que le poids, la tension artérielle et les résultats de laboratoire qui vous permettront de suivre l'évolution de votre condition. Ces références vous seront toujours utiles si vous devez changer de médecin. N'oubliez pas d'inscrire le nom des médicaments que vous prenez. Ne vous fiez pas à votre mémoire. C'est ça de la participation active.

À propos des médicaments : il y en a pour guérir certaines affections, comme les antibiotiques par exemple, dans le cas d'infections bactériennes, d'autres pour soulager les symptômes désagréables causés par des irritations de toutes sortes. Pensons aux médicaments contre la toux, la douleur etc. Il y en a d'autres finalement qui servent à contrôler certaines maladies chroniques afin d'en éviter les complications. Ils servent à freiner leur évolution. Le diabète, l'hypertension artérielle et l'hypercholestérolémie, entre autres, font partie de ce groupe de maladies. Des maladies qui évoluent souvent à bas bruit et dont les conséquences à long terme peuvent être catastrophiques pour la qualité de vie. Certains malades manifestent de la résistance à prendre des médicaments toute leur vie sous prétexte qu'ils n'ont pas de symptômes. *Pourquoi dois-je prendre tous ces médicaments docteur, je n'ai aucun mal.* Rappelez-vous que les maladies silencieuses qui ne sont pas adéquatement traitées peuvent donner lieu à des surprises désagréables. La crise cardiaque, pour n'en nommer qu'une, est souvent le résultat d'une manifestation dramatique de l'une d'entre elles.

Si vous souhaitez diminuer votre consommation de médicaments, commencez par corriger vos facteurs de risque. Soignez les maladies de votre mode de vie : cessez de fumer; surveillez votre alimentation; faites de l'exercice et gérez bien votre stress. C'est la pierre angulaire de toutes formes de traitements. Ensuite vous pourrez évaluer avec votre médecin s'il y a lieu de modifier votre médication.

Tous les médicaments ont passé des contrôles de qualité exigés par le gouvernement avant d'être mis sur le marché. La plupart sont très sécuritaires lorsqu'ils sont pris correctement. Certains donnent parfois des effets secondaires indésirables qui disparaissent souvent après quelques jours d'utilisation. Ce sont des malaises physiques. Leur persistance commande parfois un ajustement de la posologie ou un changement de médicament.

Il y a également des risques d'interaction médicamenteuse lorsqu'il y a prise de plusieurs produits. Cela peut se traduire par une augmentation, une diminution ou la neutralisation de l'effet du médicament, avec parfois des conséquences fâcheuses pour le malade. Attention également à l'utilisation de produits naturels. Ils ne sont pas inoffensifs. Ils sont, eux aussi, dégradés aux mêmes sites de transformation des médicaments. Plusieurs connaissent déjà les interactions de l'alcool et des pamplemousses avec les médicaments. Toute nouvelle combinaison doit être discutée avec le pharmacien.

Certains patients ont des réticences à prendre des médicaments; ils ont des croyances tenaces ou des préjugés bien ancrés. Ils ont entendu toutes sortes d'horreurs à leur sujet. Plusieurs ont peur de développer une dépendance, d'autres expriment la crainte de perdre le contrôle de leur vie. N'hésitez pas à partager vos inquiétudes avec votre médecin ou votre pharmacien. Quelques échanges constructifs peuvent rassurer les plus récalcitrants.

Certains patients ont des perceptions erronées de leur santé ou de la gravité de leur maladie qui les empêchent de bénéficier de traitements adéquats. Des explications claires et précises facilitent la prise de décisions.

Lorsqu'on vous prescrit un médicament, il est important de suivre les recommandations quant à la quantité, aux moments de la prise et à la durée du traitement. Tout a été calculé pour une protection et un effet maximal. Je me souviens d'un patient à qui j'avais prescrit un sirop contre la toux. Il a décidé de ne pas suivre mes instructions. Il croyait qu'en doublant la dose, il obtiendrait plus rapidement des résultats. Les effets secondaires qu'il a ressentis l'ont vite ramené à la réalité. Certains patients ont de la difficulté à respecter l'horaire suggéré pour la prise de plusieurs médicaments. Pourquoi ne pas s'en débarrasser en les prenant tous au petit déjeuner? Inutile de vous dire que plusieurs ont eu des surprises désagréables. Il ne faut pas gérer la prise des médicaments suivant son bon vouloir. Ils jouent tous un rôle important et différent. Ils ont tous des indications bien précises. Si vous avez des contraintes temporelles, discutez-en avec votre pharmacien, il pourra vous donner des conseils judicieux qui ne nuiront pas à votre traitement.

Il ne faut jamais arrêter sa médication sans en aviser son médecin. Les risques pour la santé ne sont pas négligeables. L'un de mes patients s'est vite retrouvé à la salle d'urgence d'un hôpital après avoir cessé de lui-même ses médicaments pour son hypertension et son angine de poitrine. Il voulait vérifier s'il pouvait s'en passer. Il y plein d'anecdotes à raconter sur la témérité des patients. Encore une fois, avisez votre médecin ou votre pharmacien de tout changement dans votre condition. Ne tentez pas des expériences qui peuvent s'avérer dangereuses.

On remarque de plus en plus de résistance aux antibiotiques. Certains patients ont tendance à les cesser dès qu'ils se sentent mieux, au risque de voir réapparaître l'infection ou de voir les bactéries développer une résistance à ces substances. Il faut savoir que les bactéries se multiplient lors d'une infection. À un certain niveau de leur croissance les symptômes apparaissent. Les antibiotiques, prescrits à ce moment, interfèrent avec leur processus de développement. Les symptômes diminuent mais l'infection n'est pas complètement éradiquée pour autant. Si le malade arrête son traitement avant que les bactéries ne soient totalement détruites, il y a de fortes chances de voir resurgir une nouvelle croissance bactérienne avec, cette fois-ci, une infection résistante au traitement.

N'acceptez jamais les médicaments qu'on vous offre sous prétexte qu'on connaît votre mal. Vous pouvez masquer une partie des symptômes nécessaires à votre évaluation. C'est à partir d'un bon diagnostic qu'on peut mettre en branle un bon traitement. Ne prenez pas de risques inutiles. Laissez le soin à votre médecin de vous prescrire les médicaments qui vous conviennent.

Pour la médication à long terme, il est important non seulement d'écrire le nom des médicaments dans votre journal médical, mais encore faut-il les apprendre par cœur. Vous savez, *la petite pilule rouge pour le cœur, ou la petite bleue pour la pression,* ne nous n'est pas d'un grand secours. Il y a tellement de pilules, et de toutes les couleurs... Vous pouvez sauver du temps et éviter des erreurs. Il y a mieux à faire que de perdre du temps à contacter le pharmacien ou un proche pour savoir quel médicament vous prenez. Les noms ne sont peut-être pas toujours faciles à retenir, mais avec un peu de pratique, vous pouvez y arriver. Vous ne serez jamais pris de court si vous êtes dans l'obligation d'en commander de façon impromptue. N'oubliez pas non plus les médicaments en vente libre et les produits naturels. Nous avons déjà discuté de leur intérêt.

À propos des produits « naturels » : on entend souvent dire : *Docteur, ça peut pas me faire de mal, c'est naturel.* Il faut se rappeler que les produits naturels ne sont pas dénués de tout effet dangereux. Les enfants, les femmes enceintes, les personnes sous médications et les personnes âgées sont plus à risque de développer des complications. Nous avons déjà mentionné les risques d'interactions médicamenteuses. Plusieurs patients ont vécu de très mauvaises expériences avec la combinaison de tels produits.

Attention également aux produits miraculeux. Il n'y a souvent pas de preuves médicales à leur appui, mais des preuves purement anecdotiques concernant leurs effets; de nombreux échecs ne sont pas rapportés.

Il est également bon de mentionner que les normes de qualité sont variables. Les dosages peuvent être inadéquats et les produits sont parfois contaminés.

Lorsqu'un patient s'interroge sur l'utilisation d'un produit naturel, je l'amène souvent à réfléchir sur des questions qu'il doit se poser ou qu'il doit poser à son fournisseur. Une mise en garde s'impose lorsqu'il n'y a pas de réponse dans la littérature médicale.

Si c'est naturel, n'y a-t-il pas de substitut dans les légumes ou les fruits que je mange?

Qu'est-ce qui est naturel d'une pilule, d'un granule ou d'une potion?

Quelles sont les études qui ont démontré les qualités d'un tel produit? Y a-t-il des expériences scientifiques qui démontrent la valeur qu'on leur attribue? Ont-elles été vérifiées par la communauté scientifique?

Quels sont les effets secondaires, les interactions avec les médicaments que je prends?

Comment pouvez-vous savoir qu'un produit me convient s'il n'y a pas d'examen ni d'investigation pour préciser le diagnostic?

Dois-je prendre le produit toute ma vie, et à quel prix?

Je suis convaincu que d'autres questions vous viennent à

l'esprit. Je recommande à mes patients d'être prudents. Lorsqu'ils achètent des médicaments en vente libre ou tout autre produit en pharmacie, ils peuvent au moins bénéficier des conseils d'un pharmacien sur les interactions de ces différents produits avec les médicaments qu'ils prennent déjà. N'oubliez pas d'inscrire tout ça dans votre journal médical.

J'ai vu, il y a peu de temps, une dame qui souffrait d'une diarrhée tenace. Elle venait de subir une cure de désintoxication à l'aide de petits granules… La prise concomitante de diurétiques pour son hypertension l'avait déshydratée. On l'avait convaincue que l'air qu'on respire, l'eau qu'on boit et les aliments qu'on mange sont tous contaminés. L'idée en soi n'était pas mauvaise. Mais de là à dire que quelqu'un est intoxiqué, il y a toute une marge. Je lui ai demandé par quels tests de laboratoire on avait mesuré son degré de contamination, et si on avait vérifié par la suite les résultats du traitement avec les petits granules miraculeux. Évidemment rien de tout ça n'avait été fait. On lui avait vendu une idée intéressante et un produit miraculeux pour remédier à son faux problème. J'imagine mal cette dame être obligée de se désintoxiquer régulièrement, car on en a pour un bon bout de temps à respirer le même air, à boire et à manger les mêmes choses.

Une autre dame payait une petite fortune pour stimuler son système immunitaire. On avait conclu, à la suite d'un petit questionnaire, que son système de défense faisait défaut. Elle s'en est tirée avec des irruptions cutanées et des démangeaisons partout. Il y a plein d'anecdotes de ce genre qui devraient être davantage décriées.

Quand on soupçonne une déficience, il faut d'abord chercher à la démontrer par un examen approprié et par des tests de laboratoire, s'il y a lieu. On doit ensuite mesurer les effets du traitement par des examens de contrôle. Je vois mal comment on pourrait suivre adéquatement un diabétique sans faire des glycémies avant, pendant et après traitement. C'est en mesurant la tension artérielle avant et après le traitement qu'on peut en évaluer son efficacité.

Faites attention à ces marchands de produits miraculeux : ils commencent par vous intéresser avec des concepts généraux minutieusement préparés, puis ils créent chez vous un besoin pour finir par vous vendre le seul produit qui vous convienne. Des patients très enthousiastes ont vécu de malencontreuses expériences en laissant leurs médicaments au profit de ces substances miraculeuses…

À propos de la maladie : il est toujours inquiétant d'apprendre qu'on est porteur d'une maladie. La santé physique et mentale représente le bien le plus précieux de l'être humain.

La maladie a toujours eu un côté mystérieux. Elle est souvent déconcertante et imprévisible. Elle perturbe les activités de la vie quotidienne. La peur de l'inconnu génère beaucoup d'angoisses. Une bonne connaissance de sa maladie contribue à atténuer les angoisses et favorise une meilleure observance des traitements.

À cet effet, le patient peut consulter des documents fort intéressants sur plusieurs maladies. Beaucoup de compagnies pharmaceutiques participent à l'éducation médicale des patients : elles mettent à leur disposition des feuillets explicatifs sur différentes maladies. Il est facile de s'en procurer auprès du médecin traitant ou du pharmacien. Quelques compagnies accompagnent certains malades dans leur quête de connaissances en leur fournissant une aide téléphonique supplémentaire pour répondre à leurs besoins.

Il est également possible d'obtenir des informations auprès d'organismes ou de groupes d'aide qui s'intéressent à toutes sortes de maladies. Consultez votre bottin téléphonique : toutes les associations ou sociétés qui donnent ces services y sont regroupées. Non seulement ces organismes renseignent le malade sur sa condition, mais ils lui donnent également du support. Les aidants naturels, c'est-à-dire les personnes qui viennent directement en aide à ces malades, peuvent en apprendre beaucoup. La plupart des intervenants sont dépourvus de ressources devant la maladie mentale ou toute forme de maladie débilitante.

Il m'arrive très souvent de référer mes malades dans des centres de formation spécialisés où on leur apprend à exercer un certain contrôle sur leur maladie. Les asthmatiques, par exemple, y apprennent l'utilisation adéquate et judicieuse de leurs médicaments. Quant aux diabétiques, on leur montre comment suivre l'évolution de leur maladie. On leur enseigne l'usage des appareils de vérification de la glycémie. On insiste également sur le contrôle des facteurs de risques. Tous ces groupes de soutien aident le malade dans la compréhension et la gestion de sa maladie.

Attention cependant aux excès de curiosité ou aux informations erronées ou à sensation qui proviennent de source douteuse. Elles peuvent vous amener à poser des gestes irréfléchis dans votre plan de traitement. Ne prenez pas de décision hâtive guidée par l'émotion. Le côté pervers de l'information peut vous jouer de mauvais tours. Parlez-en avec un intervenant qui connaît ça.

Certains questionnaires peuvent porter à confusion et susciter de l'inquiétude chez de nombreux patients. Il s'agit souvent d'énoncés de symptômes très généraux qui ne sont pas spécifiques à une condition particulière : on peut les retrouver dans de nombreuses situations. Suivant les résultats obtenus, on vous suggère de consulter un médecin ou un intervenant dans le domaine. Je me souviens d'une journée de bureau où trois patients dans la cinquantaine croyaient souffrir d'andropause après avoir répondu à un petit questionnaire. Ils en avaient tous les symptômes. Or, aucun d'entre eux n'en était affecté. Une perte de temps inutile, grugée sur une consultation déjà trop courte.

Plus vous manifesterez de l'intérêt pour votre maladie, plus les rapports avec votre médecin seront enrichissants et constructifs. Vous pourrez mieux lui faire partager vos expériences, et lui, les nouvelles avancées médicales vous concernant.

CONCLUSION

Il n'y a pas si longtemps, on croyait que la maladie nous tombait du ciel comme une fatalité, qu'on ne pouvait rien faire pour l'en empêcher. On se contentait de traiter les complications. Aujourd'hui, on peut suivre à la trace les maladies silencieuses, on peut retarder leur évolution et les empêcher de se manifester en catastrophe. À condition d'en corriger les facteurs de risque.

On en sait beaucoup plus maintenant sur le développement des maladies. On établit des liens solides entre les maladies du mode de vie et l'émergence de problèmes physiques ou mentaux. On peut maintenant lire dans la *boule de cristal* de chacun, et prédire jusqu'à un certain point son avenir médical.

À la médecine curative s'en est greffée une de prévention et de bien-être. On ne travaille plus seulement à corriger le côté négatif des choses, on cherche également à maintenir sinon à enrichir le beau côté de la vie. Les gens qui s'épanouissent dans des activités valorisantes améliorent sensiblement leur qualité de vie. Là où le temps et l'espace ne comptent plus, le degré de satisfaction est intense. N'y a-t-il pas là une recette de bonheur?

Jusqu'à tout récemment, on se sentait impuissant à changer ses comportements nuisibles. Il n'y avait pas d'outils pour le faire. On cherchait les solutions autour de soi en bousculant son environnement. Il n'y a plus de raisons maintenant pour garder ses vieilles habitudes. Les moyens d'en sortir existent; il faut s'en servir.

Adam a perdu le *Paradis* à cause de son orgueil. Sommes-nous en train de perdre le nôtre à cause de la paresse? Moins on en fait, plus les attentes sont grandes vis-à-vis la société, le gouvernement, la médecine, l'employeur... Le risque de dépendance s'accroît considérablement.

Pourriez-vous compléter un bon *curriculum vitae* sur votre santé? N'y a-t-il que l'auto, l'ascenseur et le *zapping* comme activités physiques? N'y a-t-il que du *fast-food* dans votre assiette? Quels sont vos loisirs, vos réalisations...

Investissez dans votre *capital santé*. Les placements que vous faites dans l'exercice, une bonne alimentation et la gestion du stress vous rapportent des dividendes sur-le-champ, un bien-être immédiat. Les intérêts à long terme se comptabilisent par une meilleure santé et une bonne qualité de vie. N'abusez pas de votre *carte de crédit santé.* Tôt ou tard, il faudra en payer la facture.

Tout commence par soi et en soi. Il faut revenir à la base, la règle de UN : une chose à la fois; un repas à la fois, un problème à la fois; une journée à la fois... C'est la meilleure façon de garder le contrôle de sa vie.

Le cadran sonne; une mise en condition physique s'impose afin de délier les muscles endormis et activer la circulation. Puis, vient l'approche psychologique : voir ce qu'on peut faire pour passer une belle journée. Garder le contact avec soi assure la maîtrise de sa vie. Quelques minutes en soirée pour faire le bilan de sa journée et voilà un exercice de vie qui donne des résultats étonnants.

Que voulez-vous écrire dans votre livre de vie? Les pages devant vous sont blanches...

TABLE DES MATIÈRES